Roland Schierholz

Symmetrie von Domänen in PZT-Keramiken

Roland Schierholz

Symmetrie von Domänen in PZT-Keramiken

Untersuchungen mit konvergenter Elektronenbeugung

Südwestdeutscher Verlag für Hochschulschriften

Imprint
Any brand names and product names mentioned in this book are subject to trademark, brand or patent protection and are trademarks or registered trademarks of their respective holders. The use of brand names, product names, common names, trade names, product descriptions etc. even without a particular marking in this work is in no way to be construed to mean that such names may be regarded as unrestricted in respect of trademark and brand protection legislation and could thus be used by anyone.

Publisher:
Südwestdeutscher Verlag für Hochschulschriften
is a trademark of
Dodo Books Indian Ocean Ltd., member of the OmniScriptum S.R.L Publishing group
str. A.Russo 15, of. 61, Chisinau-2068, Republic of Moldova Europe
Printed at: see last page
ISBN: 978-3-8381-2436-0

Zugl. / Approved by: Darmstadt, TU, Diss. , 2010

Copyright © Roland Schierholz
Copyright © 2011 Dodo Books Indian Ocean Ltd., member of the OmniScriptum S.R.L Publishing group

Kurzfassung

Für technische Anwendungen, die auf dem piezo- bzw. ferroelektrischen Effekt beruhen, wird größtenteils PZT (PbZr$_{1-x}$Ti$_x$O$_3$) verwendet. Obwohl das Material seit langem erfolgreich eingesetzt wird, herrscht noch Uneinigkeit darüber, was diesem Material zu seinen guten Eigenschaften verhilft. Diese wurden lange Zeit der Koexistenz von tetragonaler und rhomboedrischer Struktur im Bereich der morphotropen Phasengrenze zugeschrieben, bis vor zehn Jahren eine monokline Phase für diesen Zusammensetzungsbereich vorgeschlagen wurde. Es bestehen jedoch weiterhin Zweifel an der Existenz dieser monoklinen Phase, da für diesen Zusammensetzungsbereich im Transmissionselektronenmikroskop Nanodomänen beobachtet wurden. So können die zusätzlichen Reflexe in Röntgenpulverbeugungsbildern, die einer monoklinen Aufspaltung zugeschrieben wurden, auch als Überstrukturreflexe gestapelter rhomboedrischer Nanodomänen erklärt werden.

In dieser Arbeit wurde die Symmetrie einzelner Domänen von PZT-Keramiken mit den Zusammensetzungen ((1-x)/x) von 60/40 bis 45/55, über die morphotrope Phasengrenze hinweg, mit der Methode der konvergenten Elektronenbeugung untersucht. Dabei konnte für Zusammensetzungen PZT 60/40 bis PZT 55/45 rhomboedrische Symmetrie beobachtet werden. Für PZT 54/46 konnte sowohl monokline als auch tetragonale Symmetrie nachgewiesen werden. Mit zunehmendem Ti-Gehalt wurde zunehmend tetragonale Symmetrie beobachtet. Über die Orientierungsbeziehung benachbarter monokliner Domänen in PZT 54/46 konnten auch Zwillingsoperationen nachgewiesen werden, die für eine Ausbildung der monoklinen Phase aus der tetragonalen mit sinkender Temperatur sprechen. Der inverse Phasenübergang konnte in einem *in situ* Heizexperiment mit der entsprechenden Zusammensetzung beobachtet werden. Gleichzeitig verschwanden Nanodomänen. Dies spricht für eine Ausbildung der Nanodomänen als Folge der Symmetrieerniedrigung tetragonal zu monoklin.

Zusätzlich wurden von reinem PbTiO$_3$ energiegefilterte konvergente Beugungsbilder aus verschiedenen Einstrahlrichtungen aufgenommen. Anhand dieser Beugungsbilder wurden Strukturparameter, wie Atompositionen, anisotrope Temperaturfaktoren und Strukturfaktoren niedriger Beugungsordnung verfeinert. Aus den letzteren wurde die dreidimensionale Elektronendichte rekonstruiert. Diese zeigt die Kovalenz der kurzen Ti-O1 Bindung. Zusätzlich sind noch lokale Maxima abseits von Atompostionen und Bindungen zu sehen. Diese können möglicherweise polarisierten Pb 6s Zuständen zugeschrieben werden, wie sie mit Dichtefunktionaltheorie vorhergesagt wurden. Die Verlässlichkeit dieser Ergebnisse muss jedoch noch geprüft werden.

Inhaltsverzeichnis

I Grundlagen 3

1 Konvergente Elektronenbeugung (CBED) 5
1.1 Vergleich von SAD mit CBED 5
1.2 Theorie der dynamischen Beugung 7
1.3 Punktgruppenbestimmung 14
1.4 Quantitative Auswertung von konvergenten Beugungsbildern 16

2 Das System $PbZr_{1-x}Ti_xO_3$ und verwandte Materialien 19
2.1 Perowskit-Struktur 19
2.2 Ferroelektrizität 20
2.3 Phasendiagramm 20
    2.3.1 $PbZrO_3$ 22
    2.3.2 $PbTiO_3$ 24
    2.3.3 Rhomboedrisches PZT 26
    2.3.4 Tetragonales PZT 29
    2.3.5 Morphotrope Phasengrenze 31
2.4 Adaptive Phase 44
    2.4.1 Adaptive Phase vom Typ M_C 44
    2.4.2 Adaptive Phase vom Typ M_B 48
    2.4.3 Adaptive Phase vom Typ M_A 49
2.5 Fragestellung 51

II Experimentelles 53

3 Experimentelle Durchführung 55
3.1 Probenmaterial 55

Inhaltsverzeichnis

3.2 TEM-Probenpräparation 55
    3.2.1 Ionengeätzte Proben 56
3.3 TEM-Untersuchungen 58
3.4 Simulationen und Verfeinerungen mit MBFIT 59
    3.4.1 Simulation 59
    3.4.2 Extraktion der CBED-Intensitäten 60
    3.4.3 Verfeinerung des Strukturmodells 60
    3.4.4 Darstellung der Strukturdaten 61
3.5 Röntgen- und Neutronen- Pulverbeugung 61
3.6 Berechnung der Reflexaufspaltung 62

III Ergebnisse   65

4 Domänenmodelle und Reflexaufspaltung   67

4.1 Domänenwände 67
4.2 Reflexaufspaltung 68
    4.2.1 Reflexaufspaltung durch 90°-Domänen 69
    4.2.2 71°-Domänen ((110)-Domänenwand) 69
    4.2.3 109°-Domänen ((100)-Domänenwand) 71
4.3 Monokline Domänen 75
    4.3.1 $P4mm \rightarrow Cm$ 75
    4.3.2 Monokline Verzerrungen an einer 90°-Domänenwand . . . 76
    4.3.3 Nanodomänen Konfiguration in tetragonalen Domänen . . . 78
    4.3.4 $R3m \rightarrow Cm$ 82
    4.3.5 Monokline Nanodomänen in rhomboedrischen Mikrodomänen   83

5 Symmetrie von Domänen in $PbZr_{1-x}Ti_xO_3$ 87

5.1 PZT 60/40 90
    5.1.1 Korngrenze 96
5.2 PZT 57,5/42,5 98
5.3 PZT 56/44 99
    5.3.1 Ausscheidung 100
5.4 PZT 55/45 102
    5.4.1 Simulation von <111>-Beugungsbildern 105
    5.4.2 Zonenachse <100> 107

Inhaltsverzeichnis

5.5	PZT 54,5/45,5	108
5.6	PZT 54/46	109
	5.6.1 Zonenachse <100>	109
	5.6.2 Zonenachse <111>	116
	5.6.3 PZT 54/46 bei 300°C	122
	5.6.4 PZT 54/46 nach 1000 Zyklen bei 4 kV/mm	124
5.7	PZT 53,5/46,5	129
5.8	PZT 53/47	130
5.9	PZT 52,5/47,5	131
5.10	PZT 52/48	131
5.11	PZT 45/55	134
5.12	Zusammenfassung der Beobachtungen an $PbZr_{1-x}Ti_xO_3$	137

6 $PbTiO_3$ 139

  6.1 Startmodell . . . 139
  6.2 Verfeinertes Strukturmodell . . . 139
  6.3 Ausblick . . . 147

7 Abschließende Diskussion und Ausblick 149

8 Zusammenfassung 157

Literaturverzeichnis 159

IV Anhang 171

A MATLAB®-codes 173

  A.1 Berechnung der Reflexaufspaltung . . . 173
    A.1.1 Tetragonale 90°-Domänen . . . 173
    A.1.2 Rhomboedrische 71°-Domänen . . . 174
    A.1.3 Rhomboedrische 109°-Domänen . . . 175
    A.1.4 Berechnung der Reflexe in der nullten Laue Zone . . . 175
    A.1.5 Reflexaufspaltung gegenüber Verzerrung . . . 177
  A.2 Fehlpassung im Vieldomänenmodell . . . 178
    A.2.1 (011)-Spiegelzwillinge (4mm) . . . 179
    A.2.2 {010}-Spiegelzwillinge . . . 180

Inhaltsverzeichnis

    A.2.3 [100]-Rotationszwillinge 182
    A.2.4 {110}-Spiegelzwillinge ($R3m$) 184
    A.2.5 {111}-Rotationszwillinge 187

B Für Simulationen verwendete Strukturmodelle   191

C Überlagerung von simulierten Beugungsbildern   193

D PbTiO$_3$-Daten   195

Abbildungsverzeichnis

1.1 Blochzweige im k-Raum 10
1.2 Wellenfeld im Kristall 12
1.3 Streifenkontrast am planarem Defekt 13
1.4 Strahlengang für CBED 14

2.1 Phasendiagramm von PbZr$_{1-x}$Ti$_x$O$_3$ 21
2.2 Projektion der antiferroelektrischen Ordnung in der ab-Ebene von PbZrO$_3$ 23
2.3 Potential und Elektronendichte in (100) PbO-Ebene von PbTiO$_3$ 25
2.4 Dreidimensionale Elektronendichte in PbTiO$_3$ 26
2.5 Rhomboedrische Domänen 28
2.6 90°-Domänenwand 29
2.7 α- und β-Domänenkonfiguration 30
2.8 Phasendiagramm für PbZr$_{1-x}$Ti$_x$O$_3$ nach Noheda et al. 32
2.9 Bärnighausen Stammbaum 33
2.10 Kristallstrukturen von $R3m$, Cm und $P4mm$ 34
2.11 Korrelation zwischen Reflexprofilen und Nanodomänen 37
2.12 In situ Röntgendiffraktogramm von PZT 54/46 38
2.13 Dunkelfeldabbildung von Nanodomänen in PZT 53/47 39
2.14 Koexistenz auf der Nanoskala 42
2.15 Berechnete lokale Moden in morphotropen PZT 42
2.16 Ti- und Zr- reiche Superzellen 43
2.17 Adaptiver Reflex 45
2.18 Tetragonale Nanodomänen und gemittelte M$_C$-Struktur 46
2.19 Hierarchische Domänenstruktur in PMN-0,33PT 47
2.20 71°-Nanodomänen und gemittelte M$_B$-Struktur 48
2.21 Hierarchische Domänenstruktur in PMN-0,32PT 50
2.22 109°-Nanodomänen und gemittelte M$_A$-Struktur 50

3.1 Funktionsweise des Ion Slicers® 57

Abbildungsverzeichnis

4.1 Reflexaufspaltung durch 90°-Domänen in <100>, <110> und <111> Beugungsbildern 70
4.2 Beugungsbilder mit Reflexaufspaltung durch 71°-Domänen 72
4.3 Beugungsbilder mit Reflexaufspaltung durch 109°-Domänen 73
4.4 Reflexaufspaltung gegenüber der Verzerrung 74
4.5 Monokline Domänenwände als Untergruppe von $P4mm$ 75
4.6 Kombinationen von <uuv>-Polarisationen an einer 90°-Domänenwand . . 76
4.7 Mögliche monokline Nanodomänen in tetragonalen Domänen. 78
4.8 Monokline Domänen in rhomboedrischer Domäne 82
4.9 Monokline Nanodomänen in rhomboedrischen Mikrodomänen 85

5.1 Zonenachsensymmetrien 87
5.2 Domänenbreite 89
5.3 Domänenkonfiguration in PZT 60/40 93
5.4 <111>-Beugungsbilder von PZT 60/40 94
5.5 Energiegefilterte <111>-Beugungsbilder von PZT 60/40 95
5.6 Zwillingskorngrenze in PZT 60/40 96
5.7 Keilförmige Domänen in PZT 60/40 97
5.8 {12$\bar{3}$}-Ebenen 98
5.9 71°-Domänenwand in PZT 56/44 99
5.10 Tetragonaler Einschluss in PZT 56/44 101
5.11 Domänenkonfiguration in PZT 55/45 102
5.12 <111>-CBED-Bilder von Domäne 1 103
5.13 <111>-CBED-Bilder von Domäne 2 104
5.14 Simulierte <111>-Beugungsbilder 106
5.15 Bereich von PZT 55/45 in <100>-Orientierung 108
5.16 PZT 54,5/45,5 109
5.17 Korn mit β-Domänenkonfiguration 110
5.18 CBED-Bilder einiger aa-Domänen 111
5.19 HRTEM-Aufnahmen einer 90°-Domänenwand und von Nanodomänen . . 113
5.20 CBED-Bilder einiger ac-Domänen 116
5.21 PZT 54/46 in <111>-Orientierung 117
5.22 <111>-CBED-Bilder zweier benachbarter Domänen 119
5.23 Mit monokliner Struktur simulierte DP-Bilder 120
5.24 Modell der untersuchten Domänen 121
5.25 Heizexperiment mit PZT 54/46 123

Abbildungsverzeichnis

5.26 <111>-Hellfeldaufnahme der zyklierten PZT 54/46 Probe 125
5.27 Erklärung der Pseudosymmetrie in <111>-Beugungsbildern. 126
5.28 Zyklierte Probe PZT 54/46 127
5.29 Zyklierte Probe PZT 54/46 128
5.30 PZT 53,5/46,5 129
5.31 PZT 53/47 130
5.32 PZT 52/48 133
5.33 PZT 45/55 in <110>-Orientierung 134
5.34 Vierzählige Symmetrie in PZT 45/55. 135
5.35 Dunkelfeldabbildungen von PZT 45/55. 136

6.1 Pulverbeugungsdiagramme von $PbTiO_3$ 140
6.2 Strukturmodelle von $PbTiO_3$ 141
6.3 Elektronendichte in (100)-PbO- bzw TiO-Ebene 145
6.4 Isoflächen gleicher Elektronendichte 146
6.5 Differenzelektronendichte 147

C.1 Simulierte <100>-Beugungsbilder und deren Überlagerungen 194

D.1 Energiegefilterete Beugungsbilder von $PbTiO_3$ 196
D.2 Energiegefilterete Beugungsbilder von $PbTiO_3$ 197
D.3 Auszug aus den $PbTiO_3$-Daten 1 198
D.4 Auszug aus den $PbTiO_3$-Daten 5 199

Abbildungsverzeichnis

Tabellenverzeichnis

3.1 Verwendete Mikroskope 58

4.1 Kombinationen von <uuv>-Polarisationen an einer 90°-Domänenwand . . 77
4.2 Fehlpassung an einer 90°-Wand durch {110}-Nanodomänen 79
4.3 Fehlpassung an einer 90°-Wand durch monokline Nanodomänen 80
4.4 Fehlpassung an einer 90°-Wand durch rhomboedrische Nanodomänen . . . 80
4.5 Fehlpassung an einer 90°-Wand durch monokline Nanodomänen 81
4.6 Fehlpassung an einer 90°-Wand durch rhomboedrische Nanodomänen . . . 82
4.7 Mögliche Gitterkonstanten in $(\bar{2}01)_m$-Domänenwand 83
4.8 Fehlpassung an einer 71°-Wand durch monokline Nanodomänen 84
4.9 Fehlpassung 109°-Wand durch monokline Nanodomänen 84

5.1 Zonenachsensymmetrien 88
5.2 Für die Simulationen verwendete Temperaturfaktoren. 105
5.3 Orientierungsbestimmung von Domäne 3 über simulierte Beugungsbilder . 118
5.4 Orientierungsbestimmung von Domäne 2 über simulierte Beugungsbilder . 121

6.1 Strukturparameter von $PbTiO_3$ 141
6.2 Zur Verfeinerung verwendete Beugungsbilder 142
6.3 χ^2 143
6.4 Strukturfaktoren 144

A.1 Durch 90°-Domänen aufgespaltene Reflexpaare 178
A.2 Durch 71°-Domänen aufgespaltene Reflexpaare 178
A.3 Durch 109°-Domänen aufgespaltene Reflexpaare 178

B.1 Für Simulationen verwendete Strukturmodelle 191

Tabellenverzeichnis

Abkürzungsverzeichnis

ADP	(*anisotropic displacement parameter*) anisotroper Temperaturfaktor
BF	(*bright-field*) Hellfeldaufnahme
BP	(*bright-field pattern*) Intensitätsverteilung innerhalb der Primärstrahlscheibe eines ZAPs
B.z.b.	(*Brillouin-zone boundary*) Brillouinzonengrenze
c	(*cubic*) kubisch
CBED	(*convergent-beam electron diffraction*) konvergente Elektronenbeugung
DF	(*dark-field*) Dunkelfeldaufnahme
DFT	Dichte-Funtional-Theorie
DP	(*dark-field pattern*) Beugungsbild aufgenommen mit Reflex in exakter Bragg-Bedingung. Wird teilweise auch nur für die Intensitätsverteilung innerhalb der Reflexscheibe verwendet.
DW	Domänenwand
FOLZ	(*first-order Laue-zone*) Laue-Zone erster Ordnung
g	Beugungsvektor
h	hexagonal
hkl	Millersche Indizes von Reflexen (im reziproken Raum)
(hkl)	eine explizite Ebenenschar im Kristall
$\{hkl\}$	alle äquivalenten Ebenenscharen im Kristall
HOLZ	(*higher-order Laue-zones*) Laue-Zone höherer Ordnung
HRTEM	(*high-resolution transmission electron microscopy*) hochauflösendes TEM
lofg	(*low order structure factor*) Strukturfaktor niedriger Beugungsordnung
m	tiefgestellt: monoklin
m	Symbol für eine Spiegelebene
MDW	Mikrodomänenwand
MEM	Maximum-Entropie-Methode
MPB	(*morphotropic phase boundary*) morphotrope Phasengrenze

Tabellenverzeichnis

NDW	Nanodomänenwand
OS	(*orientation state*) Orientierungszustand
pc	(*pseudo-cubic*) pseudokubisch
pm	(*pseudo-mirror*) Pseudospiegelebene
proj. WP	(*projected Whole Pattern*) Intensität innerhalb der ZOLZ
r	rhomboedrisch
SAD	(*selected area diffraction*) Feinbereichsbeugung
SOLZ	(*second-order Laue-zone*) Laue-Zone zweiter Ordnung
t	tetragonal
T_C	Curie-Temperatur
TDS	(*thermal diffuse scattering*) thermisch diffuse Streuung
TEM	Transmissions-Elektronen-Mikroskop(ie)
[uvw]	eine explizite Richtung im Kristall
<uvw>	alle äquivalenten Richtungen im Kristall
WP	(*whole pattern*) gesamtes konvergentes Beugungsbild inklusive HOLZ
ZAP	(*zone-axis pattern*) Beugungsbild mit Strahl parallel zur Zonenachse
ZOLZ	(*zeroth-order Laue-zone*) Laue-Zone nullter Ordnung

Einleitung

In dieser Arbeit werden ferroelektrische PbZr$_{1-x}$Ti$_x$O$_3$ (PZT)-Keramiken und reines PbTiO$_3$ im Transmissionselektronenmikroskop (TEM) untersucht. Die ferroelektrischen Eigenschaften werden sowohl durch den intrinsischen piezoelektrischen Effekt als auch den extrinsischen piezoelektrischen Effekt bestimmt. Der intrinsische Effekt wird durch die spontane Polarisation innerhalb der Elementarzelle hervorgerufen, die sich unter einem externen Feld ändern kann. Als extrinsisch wird der Beitrag betrachtet, der durch das Umschalten von Domänen verursacht wird.

Im Transmissionselektronenmikroskop (TEM) kann mit der Abbildung sowohl der Realraum als auch über die Elektronenbeugung der reziproke Raum betrachtet werden. Somit sind sowohl die Mikrostruktur, die durch die Domänen bestimmt wird, und die Kristallstruktur zugänglich. Die Kombination ermöglicht es einzelne Domänen auszuwählen und so an defektfreien Bereichen mittels konvergenter Elektronenbeugung (CBED) die Kristallsymmetrie zu untersuchen. Dies steht im Vordergrund dieser Arbeit, da die lokale Kristallstruktur in der Literatur noch immer kontrovers diskutiert wird.

Die Diskussion wurde angestoßen durch Noheda et al. [1], die aufgrund von hochaufgelösten Röntgendiffraktogrammen eine monokline Struktur im Bereich der morphotropen Phasengrenze (MPB) vorschlugen. Bis dahin wurden die großen beobachteten makroskopischen Dehnungen von 0,5 % im Bereich der morphotropen Phasengrenze der Koexistenz von tetragonaler und rhomboedrischer Struktur zugeschrieben [2]. Transmissionselektronenmikroskopische Untersuchungen von Schmitt [3] zeigten Nanodomänen für morphotrope Zusammensetzungen, die von Noheda et al. [4] der monoklinen Phase zugeordnet wurden. Dies lässt Zweifel an der Existenz der monoklinen Phase aufkommen. So konnte Y. U. Wang mit der adaptiven Theorie zeigen, dass Nanodomänen, mit tetragonaler oder rhomboedrischer Struktur, zusätzliche Reflexe in Röntgenbeugungsdiagrammen hervorrufen, die fälschlicherweise als monokline Reflexe interpretiert werden können. Nur die über mehrere Nanodomänen gemittelte Struktur ist demnach monoklin. Innerhalb der Nanodomänen existiert eine Struk-

Tabellenverzeichnis

tur mit höherer Symmetrie. Diese Theorie lässt sich auf Pb(Mg$_{1/3}$Nb$_{2/3}$)O$_3$-PbTiO$_3$, ein verwandtes System, übertragen. Hier wurden hierarchische Domänenkonfigurationen und Zonenachsensymmetrien in konvergenten Beugungsbildern beobachtet, die den Modellen der adaptiven Phase entsprechen. Für PZT ist die Kristallsymmetrie der Nanodomänen noch ungeklärt, und es stellt sich die Frage, ob die adaptive Theorie auch auf PZT anwendbar ist. Aus diesem Grund soll in dieser Arbeit die Symmetrie einzelner Domänen sowie die Domänenstruktur untersucht werden. Für das Endglied des Phasendiagramms PbZr$_{1-x}$Ti$_x$O$_3$, PbTiO$_3$, ist das Ziel die Rekonstruktion der dreidimensionalen Elektronendichteverteilung. Da aufgrund der Domänen im Material, soweit bekannt, keine Röntgendaten von eindomänigen Einkristallen vorliegen, werden die Röntgenstrukturfaktoren anhand von mehreren konvergenten Beugungsbilder mit verschiedenen Einstrahlrichtungen verfeinert.

Teil I

Grundlagen

1 Konvergente Elektronenbeugung (CBED)

In diesem Kapitel wird die in dieser Arbeit verwendete Untersuchungsmethode, die konvergente Elektronenbeugung (CBED für *Convergent-Beam Electron diffraction*), vorgestellt. Sie stellt historisch gesehen die älteste Form der Elektronenbeugung im TEM dar und wurde von Kossel und Möllenstedt [5] im Jahr 1939 entwickelt. Weiter verbreitet ist jedoch die Feinbereichsbeugung (SAD für *Selected Area Diffraction*) die 1947 von LePoole [6, 7] entwickelt wurde. Beide Methoden werden kurz gegenübergestellt. Anschließend wird die dynamische Theorie erklärt, die grundlegend für die in der konvergenten Beugung beobachteten Effekte, aber auch für viele Kontrasterscheinungen in der Abbildung ist.

1.1 Vergleich von SAD mit CBED

Bei der Feinbereichsbeugung wird die gesamte Probe mit einem parallelen Elektronenstrahl durchleuchtet und der zu untersuchende Bereich mittels einer Blende in der Abbildungsebene der Objektivlinse ausgewählt. Somit wird der kleinstmögliche Bereich, der untersucht werden kann, durch die Größe der kleinsten Blende bestimmt. Dieser liegt bei etwa $100\,nm$. Zudem entsteht durch die sphärische Aberration ein Zuordnungsfehler. Zu jedem Reflex trägt ein, gegenüber der Blendenposition, leicht verschobener Bereich bei. Der Effekt verstärkt sich mit der Größe des Beugungsvektors g [7]. Die Reflexe sind durch den parallelen Strahl punktförmig. Diese Form der Elektronenbeugung wird häufig zur Bestimmung der Struktur in mehrphasigen Proben angewendet. Aufgrund der Linsenfehler im TEM ist die Genauigkeit, mit der Gitterkonstanten bestimmt werden können, jedoch der Röntgenbeugung unterlegen. Aufgrund von Mehrfachbeugung, und der nicht einheitlichen Probendicke im ausgewählten Bereich, können zudem die Intensitäten der Reflexe nicht ohne weiteres quantitativ ausgewertet werden. Abhilfe schafft hier die Präzessionstechnik [8].

1 Konvergente Elektronenbeugung (CBED)

Dabei wird der Strahl um bis zu 10° aus der Zonenachse verkippt und präzediert mit diesem Winkel um die optische Achse. Dadurch sind im Beugungsbild mehr Reflexe, vor allem von Laue-Zonen höherer Ordnung (HOLZ) zu sehen. Es sind jedoch weniger Strahlen gleichzeitig angeregt, womit die Möglichkeiten zur Mehrfachbeugung und Umweganregung verringert werden (Abschnitt 1.2). So entsprechen für dünne Proben die beobachteten Intensitäten annähernd denen der kinematischen Theorie. In der kinematischen Theorie, die für jede Welle nur einen Streuvorgang voraussetzt, ist die beobachtete Intensität proportional zum Betragsquadrat des Strukturfaktors. Unter diesen Bedingungen besitzen Reflexe mit entgegengesetztem Beugungsvektor, gleiche Intensität, und sind nicht zu unterscheiden (vgl. Glg. 1.1). Der reziproke Raum wird zentrosymmetrisch.

$$I_{hkl} = I_{\bar{h}\bar{k}\bar{l}} \tag{1.1}$$

Aufgrund der starken Wechselwirkung von Elektronen mit Materie, sind kinematische Bedingungen in der Elektronenbeugung schwierig zu erreichen, und die dynamische Beugungstheorie muss angewandt werden. Die dynamischen Effekte führen zur Ungültigkeit des Friedelschen Gesetzes (Gleichung 1.1) für die Elektronenbeugung, die erstmals 1950 von Miyake und Uyeda [9] in Reflektionsgeometrie (Bragg-Fall) an einer (110)-Spaltfläche von Zinkblende (ZnS) beobachtet wurde. Zinkblende besitzt kein Inversionszentrum, so dass $F_{hkl} \neq F_{\bar{h}\bar{k}\bar{l}}$ ist. Aufgrund der polaren Achse parallel zu 001 unterscheiden sich die gemessenen 331 und 33$\bar{1}$ Reflexe in ihrer Intensität. Die theoretische Erklärung basiert auf der dynamischen Beugung von Elektronen [10, 11]. Fujimoto [12] zeigte, dass dies nicht nur für Reflektion sondern auch für Transmission (den Laue-Fall) gilt. Die Intensitäten eines Friedel-Paares h und $-h$ eines nicht zentrosymmetrischen Kristalls sind dann über die folgenden beiden Gleichungen bestimmt.

$$I_h = \left(\frac{t}{2k}\right)^2 |U_h|^2 + \left(\frac{t}{2k}\right)^3 \cdot \Im(U_h \sum_g (U_{-g}U_{g-h}) + ... \tag{1.2}$$

$$I_{-h} = \left(\frac{t}{2k}\right)^2 |U_h|^2 - \left(\frac{t}{2k}\right)^3 \cdot \Im(U_h \sum_g (U_{-g}U_{g-h}) + ... \tag{1.3}$$

Dabei ist t die Probendicke, k der Wellenvektor, U_g der Koeffizient der Fourier-Entwicklung des Potentials (Abschnitt 1.2) und $\Im$ der Imaginärteil der Summe. Höhere Terme werden nicht berücksichtigt, da t klein und k groß ist. Dieser Intensitätsunterschied ist unabhängig von der exakten Einstrahlrichtung und führt zu dem von Tanaka et al. [13, 14] beobachteten Kontrast von 180° Domänen in BaTiO$_3$

und PbTiO$_3$ in Dunkelfeldabbildungen. Dafür muss der entsprechende Reflex mit der Objektivblende ausgewählt werden. Diese Technik wurde auch von Asada und Koyama [15] für die Charakterisierung von Domänen in PZT-Keramiken angewandt (Abschnitt 2.3.5).
Der Strahlengang für die konvergente Beugung ist in Abbildung 1.4 dargestellt. Der Strahl wird auf die gewünschte Probenstelle fokussiert. Die Sondengröße ist damit durch den Strahldurchmesser (*spot size*), der heutzutage in Geräten mit einer *field emission gun* (FEG) unterhalb von 1 nm liegen kann, und die Probendicke bestimmt. Nur dieser Bereich trägt zum Beugungsbild bei, eine Blende muss nicht verwendet werden und es entsteht kein Zuordnungsfehler. Durch den konvergenten Strahl bilden die Wellenvektoren k einen Kegel mit dem Öffnungswinkel α, auch Konvergenzhalbwinkel genannt. Dadurch werden aus den Reflexen Scheiben, deren Größe von α bestimmt wird. Im Kossel-Möllenstedt-Modus ist dieser kleiner als der Braggwinkel θ_B des ersten Reflexes ($\alpha < \theta_B$) und die Beugungsscheiben sind getrennt. Ist die Probe dicker als eine Extinktionslänge χ erscheint ein dynamischer Kontrast innerhalb der Scheiben. Die Entstehung dieses Kontrastes wird im nächsten Abschnitt erklärt. Durch diesen Kontrasts lässt sich die Einstrahlrichtung sehr genau justieren. Ist der Strahl parallel zur Zonenachse spricht man von einem ZAP (*zone axis pattern*). Anhand des Kontrastes innerhalb der Reflexe können 31 Punkt- und 181 Raumgruppen unterschieden werden [16, 17]. Dies wird in Abschnitt 1.3 beschrieben. Ebenso lässt sich die Probendicke bestimmen [7], die für eine *spot size* von ≤ 10 nm für ionengeätzte Proben als konstant angesehen werden kann. Auch Defekte können mittels CBED charakterisiert werden [18].

1.2 Theorie der dynamischen Beugung

Die dynamische Theorie für Elektronenbeugung geht zurück auf Bethes „Theorie der Beugung von Elektronen an Kristallen" von 1928 [10]. Dieser Abschnitt referiert größtenteils die weiterentwickelte Theorie, wie sie in den Büchern Hirsch *et al.* [19] und Williams und Carter [7] oder in der Zusammenfassung von Spence [20] enthalten ist. Eine kurze Beschreibung geben auch Tsuda und Tanaka [21, 22]. Von Tsuda stammt das in dieser Arbeit zur Simulation von konvergenten Beugungsbildern verwendete Programm MBFIT [22].
Grundlegend für die Theorie ist die Schrödinger Gleichung 1.4, die die Wellenfunk-

1 Konvergente Elektronenbeugung (CBED)

tionen $\Psi(r)$ der Elektronen erfüllen müssen.

$$\nabla^2 \Psi(r) + \left(\frac{8\pi m e}{h^2}\right) [E + V(r)] \Psi(r) = 0 \tag{1.4}$$

Wobei m die relativistische Masse des Elektrons, r dessen Ortskoordinate, e die Elementarladung, h das Plancksche Wirkungsquantum, E die Beschleunigungsspannung des einfallenden Elektronenstrahls und $V(r)$ das Potential ist. Außerhalb des Kristalls ist das Potential gleich null $V(r) = 0$ und die Elektronen können als ebene Wellen mit dem Wellenvektor χ behandelt werden.

$$\Psi r = exp\left(2\pi i \chi \cdot r\right) \tag{1.5}$$

Im Kristall herrscht ein periodisches Potential $V(r)$, das als Fourier Reihe mit den Koeffizienten U_g entwickelt werden kann (vgl. Gleichung 1.6). Dabei ist g ein reziproker Gittervektor.

$$V(r) = V(r + R) = \sum_g V_g exp\left(2\pi i g \cdot r\right) = \frac{h^2}{2me} \sum_g U_g exp\left(2\pi i g \cdot r\right) \tag{1.6}$$

Da die potentielle Energie reell ist, muss $V(r) = V^*(r)$ und $U_g = U^*_{-g}$ gelten[1]. Nur wenn der Kristall ein Inversionszentrum besitzt, ist $V(r) = V(-r)$ und $U_g = U_{-g} = U^*_g$. Die Wellenfunktion im Kristall muss die Periodizität und Symmetrie des Kristalls besitzen. Dies ist gegeben für Blochwellen (Gleichung 1.7). C_g ist die Anregungsamplitude des zum Beugungsvektor g gehörenden Strahls.

$$\Psi(r) = \sum_g C_g(k) exp\left[2\pi i (k + g) \cdot r\right] \tag{1.7}$$

Eine Blochwelle mit ihrem Wellenvektor k hängt von allen reziproken Gittervektoren ab. Das Potential innerhalb des Kristalls ist positiv und die potentielle Energie somit negativ. Dadurch werden die Elektronen beim Eintritt in den Kristall beschleunigt. Gleichung 1.6 und 1.7 in 1.4 eingesetzt führen zur Eigenwertgleichung 1.8, die sich numerisch lösen lässt.

$$\left[K^2 - (k + g)^2\right] C_g(k) + \sum_{h \neq g} U_h C_{g-h}(k) = 0 \tag{1.8}$$

Dabei ist $K^2 = (E + V_0)\, 2me/h^2$. Das heißt K ist der mit dem mittleren Potential V_0 korrigierte Wellenvektor im Kristall, und $U_g = 2me V_g/h^2$. In Matrix Schreibweise

---
[1] * kennzeichnet die komplex konjugierte Größe.

1.2 Theorie der dynamischen Beugung

für einen angenommenen Vierstrahlfall sieht Gleichung 1.8 wie folgt aus (1.9)

$$\begin{bmatrix} K^2 - k_0^2 & U_{0-1} & U_{0-2} & U_{0-3} \\ U_{1-0} & K^2 - k_1^2 & U_{1-2} & U_{1-3} \\ U_{2-0} & U_{2-1} & K^2 - k_2^2 & U_{2-1} \\ U_{3-0} & U_{3-1} & U_{3-2} & K^2 - k_3^2 \end{bmatrix} \begin{bmatrix} C_0 \\ C_1 \\ C_2 \\ C_3 \end{bmatrix} = 0 \qquad (1.9)$$

Die Eigenwerte $k^{(j)}$ sind die Wellenvektoren und die Eigenvektoren $C_g^{(j)}$ die Blochkoeffizienten der jeweiligen Blochwelle j.

$$\Psi^{(j)} = \sum_g C_g^{(j)}(k) \, exp\left[2\pi i \left(k^{(j)} + g\right) \cdot r\right] \qquad (1.10)$$

Die Anzahl der Lösungen j und damit der Blochzweige entspricht der Zahl der mit einbezogenen Reflexe g. Aus Gleichung 1.9 ist abzulesen, dass die Diagonalelemente der Matrix von K und damit von der genauen Einstrahlrichtung im Kristall abhängen. Anders ausgedrückt: Zu jeder Einstrahlrichtung, wie z.B. in Abbildung 1.4 durch den roten Strahl gekennzeichnet, gehört eine Matrix. Die Nichtdiagonalelemente beschreiben die Kopplung zwischen den entsprechenden Strahlen in den Reflexen. Hier setzt die *Generalized Bethe-potential* GBP-Methode an [21]. Dabei werden die Strahlen in stark und schwach angeregte unterteilt. Der Einfluß der schwach angeregten Strahlen wird in die Kristallpotentiale der stark angeregten eingebaut und so die Rechenzeit, aufgrund der geringeren Zahl an Eigenwerten, verkürzt. Als schwach angeregte Strahlen werden Reflexe der nullten Laue Zone (ZOLZ) mit großem Beugungsvektor g und großem Anregungsfehler s betrachtet.
Die Wellenfunktion eines Reflexes kann als Linearkombination von Blochwellen 1.11 beschrieben werden, mit den Anregungsamplituden $\epsilon^{(j)}$ der einzelnen Blochzweige.

$$\Psi_g = \sum_{(j)} \epsilon^{(j)} C_g^{(j)}(k) \, exp\left(2\pi i k_z^{(j)} t\right) \qquad (1.11)$$

An der Probenoberfläche befindet sich die gesamte Intensität im Primärstrahl und für alle anderen Reflexe g gilt $\Psi_g(t=0) = 0$. Die Amplitude des Strahls entsteht durch Überlagerung von Blochwellen mit leicht unterschiedlichem Wellenvektor $k^{(j)}$. Dies führt dazu, dass die Amplitude Ψ_g in Abhängigkeit der Probendicke t oszilliert (Schwebung). Die Intensität des Reflexes g ist proportional zum Betragsquadrat der Amplitude $I_g = \Psi_g * \Psi_g^*$ und oszilliert ebenso mit t. Die Probendicke, bei der die Intensität des Reflexes I_g wieder Null ist[2], wird Extinktionslänge ξ_g genannt. Bei

---
[2]Im idealen Zweistrahlfall.

1 Konvergente Elektronenbeugung (CBED)

keilförmigen Proben führt dies zu dem als Pendellösungstreifen bekannten Kontrast. Die Wellenvektoren der Blochwellen lassen sich graphisch, wie in Abbildung 1.1 [23] für den Zweistrahlfall an einem primitiven Gitter gezeigt, darstellen. Der Wellenvek-

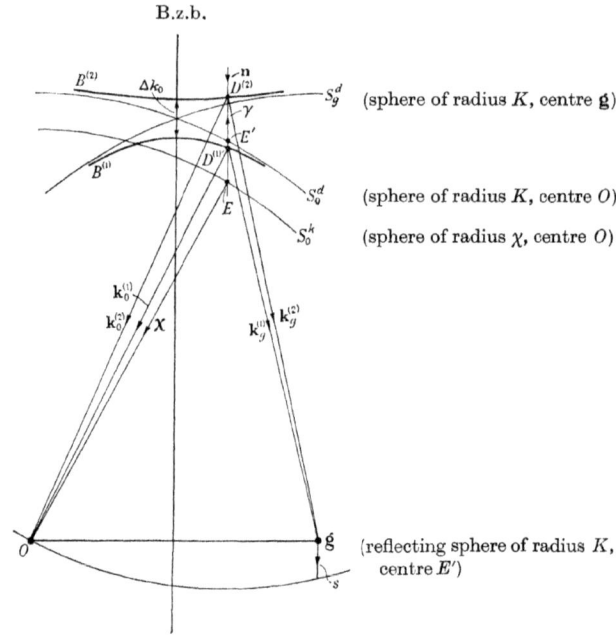

Abbildung 1.1: Aufspaltung der Kugelflächen mit dem Radius K um 0 und g in Blochzweige für den Zweistrahlfall in der Nähe der Brillouinzonengrenze (B.z.b.) nach Hashimoto *et al.* [23]. Die Anregungspunkte $D^{(1)}$ und $D^{(2)}$ ergeben sich aus einer Linie durch den Mittelpunkt E der Ewaldkugel (χ ist der Wellenvektor im Vakuum) parallel zur Oberflächennormalen n. Daraus ergeben sich $k_0^{(1)}$, $k_0^{(2)}$, $k_g^{(1)}$ und $k_g^{(2)}$. γ^j ist der Abstand $E - D^{(j)}$.

tor im Vakuum χ legt den Mittelpunkt der Ewald Kugel E fest. Der Abstand des reziproken Gitterpunktes g von der Ewald Kugel ist der Anregungsfehler s. Dieser ist negativ, wenn g außerhalb, und positiv wenn g innerhalb der Ewald-Kugel liegt. Die möglichen Wellenvektoren im Kristall können auf Kugelflächen mit den Radi-

1.2 Theorie der dynamischen Beugung

en K um 0 und alle g beginnen. Diese schneiden sich an der Brillouinzonengrenze (B.z.b.) bei $g/2$. Diese Dispersionsflächen müssen an der B.z.b. jedoch stetig und stetig differenzierbare Funktionen sein, was zu einem hyperbolischen Verlauf in der Nähe der B.z.b. führt. Die Dispersionsflächen der Blochzweige stellen den Verlauf von k_z in Abhängigkeit von k_{xy} dar.

An jeder Grenzfläche der Probe müssen die Komponenten parallel zur Grenzfläche erhalten bleiben. Das heißt im Kristall werden die Blochwellen angeregt, deren Wellenvektoren $k^{(j)}$ diese Bedingung erfüllen. Diese entsprechen den Punkten $D^{(j)}$ auf den Blochzweigen, die auf der Verbindungslinie durch E parallel zur Grenzflächennormalen n liegen. Der Einfachheit halber wird von einer Probe mit planparallelen Flächen senkrecht zur Zonenachse ausgegangen, so dass n parallel zu z und zur B.z.b. ist. Die Extinktionslänge entsteht durch den Unterschied Δk_z der einzelnen Blochzweige und ist somit umgekehrt proportional zum Abstand der Blochzweige. Sind mehrere Reflexe angeregt, verkürzt sich die Extinktionslänge [19]. Aus dieser graphischen Darstellung ist ersichtlich, wie sich die Extinktionslänge mit der Einstrahlrichtung χ und dadurch k_{xy} ändert. Ebenso wie die Extinktionslänge ξ hängt auch die Anregung der Blochzweige vom Anregungsfehler ab. So ist für $s < 0$ Blochwelle 2 stärker angeregt und für $s > 0$ Blochwelle 1 [23]. Diese Effekte bedingen den Kontrast innerhalb der Scheiben in konvergenten Beugungsbildern, da jeder Punkt einer Scheibe einem Wert k_{xy} entspricht. In der Abbildung entstehen durch diesen Effekt Biegekonturen. Auch der Beugungskontrast zwischen Domänen mit leicht unterschiedlicher Orientierung erklärt sich so.

Die unterschiedlichen Komponenten $k_z^{(j)}$ hängen mit der Lokalisierung der Blochwellen zusammen. Abbildung 1.2 zeigt den Stromfluss für die beiden Blochzweige 1 und 2 im Zweistrahlfall[3]. Welle 1 ist in den Atomzwischenräumen lokalisiert, Welle 2 an den Atomsäulen. Welle 2 erfährt ein höheres Potential und damit die größere Beschleunigung. Durch die höhere Aufenthaltswahrscheinlichkeit in der Nähe der Atomkerne erhöht sich auch die Möglichkeit zur inelastischen Streuung. Dadurch wird Welle (2) stärker absorbiert. Dies führt zur anomalen Absorption [23], ein Blochzweig wird stärker absorbiert als der andere. Dadurch entstehen Asymmetrien an Biegekonturen, da der Anregungsfehler über die Biegekontur hinweg sein Vorzeichen wechselt. Auch der Streifenkontrast an geneigten planaren Defek-

---

[3]Hier ist darauf hinzuweisen, dass es für den Mehrstrahlfall sinnvoller ist, die Blochzweige systematisch, ausgehend von dem mit größtem $|k_z|$, zu benennen. Die Nummerierung erfolgt dann umgekehrt zu der hier verwendeten Nummerierung von Hashimoto et al. [23].

1 Konvergente Elektronenbeugung (CBED)

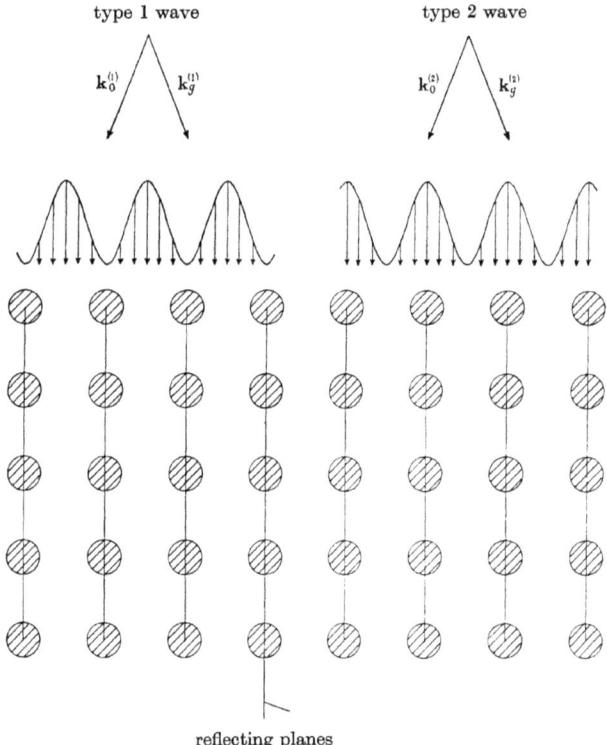

Abbildung 1.2: Schematische Darstellung des Wellenfeldes für $s=0$ (Zweistrahlfall) in einem einfachen kubischen Gitter [23]. Der Stromfluss ist parallel zu den reflektierenden Ebenen. Die an den Atomsäulen lokalisierte Welle 2 wird stärker absorbiert.

ten innerhalb der Probe kann so erklärt werden. Die oben erwähnte Erhaltung der Tangentialkomponenten gilt auch an einer Grenzfläche innerhalb der Probe. Die zusätzlich angeregten Punkte auf den Blochzweigen erhält man durch Linien parallel zur Grenzflächennormale n. So setzt sich jeder Strahl aus vier Blochwellen zusammen. Aufgrund der anomalen Absorption treten jedoch in den Regionen, in denen der Defekt dicht an den Oberflächen liegt, nur zwei Wellen ins Vakuum aus. Die-

1.3 Punktgruppenbestimmung

se beiden Wellen erzeugen nun einen den Pendellösungsstreifen ähnlichen Kontrast (vgl. Abbildung 1.3).

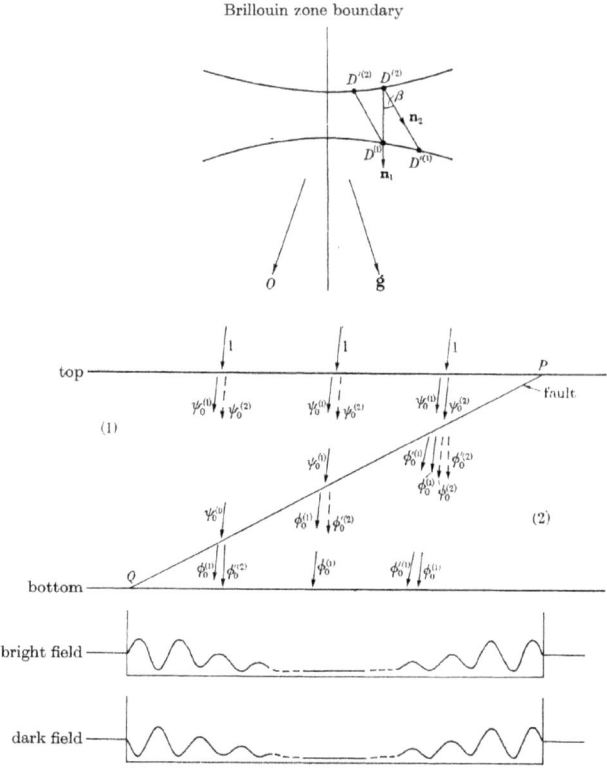

Abbildung 1.3: (a) Schematische Darstellung der Anregung der Dispersionskurven. D^1 und D^2 sind die Anregungspunkte im oberen Bereich der Probe. An der Grenzfläche werden die Punkte D'^1 und D'^2 angeregt. Nur die schwach absorbierten Strahlen treten aus der Probe aus und erzeugen einen Streifenkontrast [23].

1 Konvergente Elektronenbeugung (CBED)

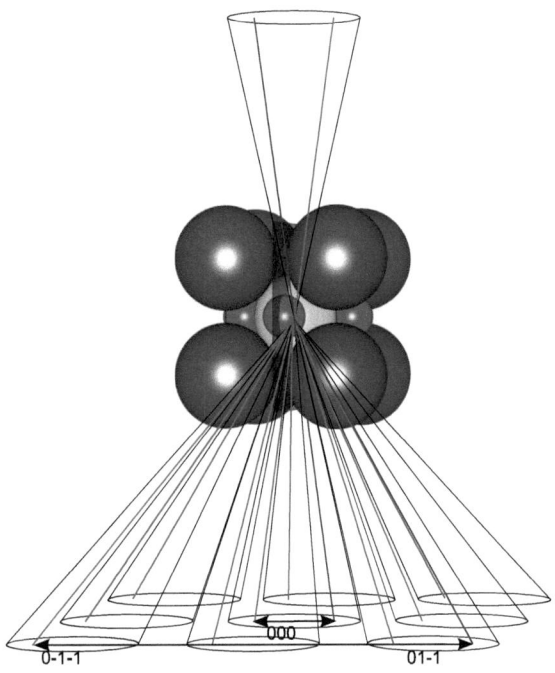

Abbildung 1.4: Strahlengang für ein konvergentes Beugungsbild im Kossel-Möllenstedt Modus. Eine bestimmte Einstrahlrichtung k_{xy}, dargestellt durch den roten Strahl, erzeugt die Intensitäten in den entsprechenden Punkten der Scheiben. Eine durch die Spiegelebene (blau) im Kristall äquivalente Einstrahlrichtung (blau) erzeugt Punkte gleicher Intensität im Primärstrahl und äquivalenten Reflexen.

1.3 Punktgruppenbestimmung

Die Bestimmung der Punktgruppe eines Kristalls aus konvergenten Beugungsbildern geht auf Buxton *et al.* [16] zurück. In der konvergenten Beugung ist ein ganzer Winkelbereich an Einstrahlrichtungen innerhalb des Kegels mit dem Öffnungswinkel 2α vorhanden (vgl. Abbildung 1.4). Jeder Punkt in den Scheiben entspricht dann einer bestimmten Komponente k_{xy} und damit einem Anregungspunkt auf den Dispersi-

1.3 Punktgruppenbestimmung

onsflächen. Da sich Anregungskoeffizienten und Extinktionslänge mit k_{xy} ändern, erscheint ein Kontrast innerhalb der Scheiben. In ZAPs ist der Kegel symmetrisch zu einer Zonenachse $[uvw]$, das heißt symmetrisch zur B.z.b.. Zusätzlich wird angenommen, dass die Probe planparallel ist und die Oberflächennormale annähernd parallel zur Zonenachse liegt. Dann sind die Blochzweige symmetrisch zur B.z.b. angeregt und die Symmetrie des konvergenten Beugungsbildes ist invariant gegenüber Symmetrieelementen, die parallel zur Zonenachse liegen. Dieser Prozess wird in Abbildung 1.4 am Beispiel einer zum Strahl parallelen Spiegelebene (blau) skizziert. Der rote Punkt (xy) und der blaue Punkt $(\bar{x}y)$ in der Primärstrahlscheibe besitzen aufgrund der zur Spiegelebene symmetrischen Anordnung die gleiche Intensität. Da aufgrund der Spiegelebene in (010) auch die Beugungsvektoren $g_{0\bar{1}\bar{1}}$ und $g_{01\bar{1}}$ äquivalent sind, besitzen auch die in den beiden Reflexen über den Pfeil verbundenen Punkte die gleiche Intensität. Das gleiche gilt für alle anderen entsprechenden Punkte.

Alleine anhand dieser projizierten Symmetrien sind 11 projizierte Beugungsgruppen (*projection diffraction groups*) zu unterscheiden. Sind zusätzlich höhere Laue-Zonen angeregt, kann möglicherweise direkt die Beugungsgruppe (*diffraction group*) bestimmt werden, von denen Buxton et al. [16] 31 klassifiziert haben. Diese Klassifizierung erfolgt auch nach Symmetrieelementen, die senkrecht zur Zonenachse orientiert sind. Deren Nachweis erfordert gegebenenfalls die Bestimmung der Symmetrie innerhalb der Primärstrahlscheibe (BP), innerhalb der Scheibe eines Reflexes in exakter Bragg-Bedingung Dunkelfeldreflexes (DP) und die Symmetriebeziehung zwischen den DPs eines Reflexpaares $\pm G$.

Die innere Symmetrie der Primärstrahlscheibe (BP) ist teilweise höher als die des gesamten Beugungsbildes (WP). So ist das BP inversionssymmetrisch, wenn der Kristall als ganzes eine Spiegelebene senkrecht zur Zonenachse besitzt[4] oder das projizierte Potential inversionssymmetrisch ist.

Aus dem Reziprozitätstheorem lassen sich die Symmetrien von Dunkelfeld Beugungsbildern (DPs) herleiten [16, 24]. Liegt eine Spiegelebene senkrecht zur Zonenachse vor, besitzt die DP-Scheibe zweizählige Symmetrie. Liegt eine zweizählige Achse parallel zum Beugungsvektor g besitzt die DP-Scheibe eine Spiegelebene senkrecht zur zweizähligen Achse. Ein Inversionszentrum bewirkt, dass $+g$ und $-g$ über eine Translation miteinander verbunden sind. Einen Überblick über die DP-Symmetrien,

---
[4]Dies ist der Fall sobald die *projection approximation* gilt, da wenn nur eine zweidimensionale Symmetrie vorhanden ist notwendigerweise eine horizontale Spiegelebene vorliegt.

1 Konvergente Elektronenbeugung (CBED)

wie sie Buxton *et al.* [16] in Tabelle 2 verwenden, bezüglich der Symmetrieelemente, die sie erzeugen, gibt Tanaka [17].

Aus den BP-, WP-, DP- und $\pm G$-Symmetrien lässt sich nach Tabelle 2 [16] die Beugungsgruppe der Zonenachse bestimmen. Aus den Beugungsgruppen bzw. den projizierten Beugungsgruppen mehrerer Zonenachsen lässt sich dann über Tabelle 3 [16] die Punktgruppe identifizieren. Wenn nur die projizierte Beugungsgruppe zur Verfügung steht, erfordert dies mehr Zonenachsen, aber auch hier sind bis auf 4 und $\bar{4}$ alle Punktgruppen zu unterscheiden. Wie empfindlich die Methode ist, zeigten Buxton *et al.* [16] am Beispiel von Ge ($m3m$) und GaAs ($\bar{4}3m$). Die Inversionssymmetrie wird nur durch den Unterschied in der Ordnungszahl gebrochen.

Auch Raumgruppen können mittels konvergenter Beugung unterschieden werden. Der Gittertyp kann aufgrund der allgemeinen Auslöschungsregeln bestimmt werden. Aufgrund von Schraubenachsen und Gleitspiegelebenen nach kinematischer Theorie verbotene Reflexe können über Umwege angeregt werden und Intensität besitzen. In der konvergenten Beugung sind sie aber durch Linien dynamischer Auslöschung gekennzeichnet. Diese Linien werden nach ihren Entdeckern Gjønnes und Moodie [25] GM-*lines* genannt und entstehen aufgrund eines Phasenunterschiedes von π der auf bezüglich der Rotation oder Spiegelung äquivalenten aber unterschiedlichen Umwegen laufenden Elektronenwellen. Bei gleicher Weglänge entsteht so im Zentrum der Scheibe destruktive Interferenz. Wichtig ist hierbei, dass der Anregungsfehler für beide Umwege gleich sein sollte. Diese Linien werden nach ihrer Orientierung zum Beugungsvektor in A- (parallel zu g) und B-Linien (senkrecht zu g) unterteilt. Da die Umweganregung nur in der nullten Laue-Zone stattfindet und damit zweidimensional ist, werden diese Linien mit dem Index 2 versehen. Es entstehen auch feinere GM-Linien durch Umwege über höhere Laue-Zonen, die mit dem Index 3 gekennzeichnet werden, da die Umwege dreidimensional sind. Für Gleitspiegelebenen liegen diese symmetrisch zur A_2- Linie, für Schraubenachsen symmetrisch zur B_2-Linie. 181 Raumgruppen können so mittels CBED unterschieden werden. Einen Überblick über die Punkt- und Raumgruppenbestimmung gibt Tanaka [17].

1.4 Quantitative Auswertung von konvergenten Beugungsbildern

Die dynamische Theorie (Abschnitt 1.2) ermöglicht auch die quantitative Auswertung von konvergenten Beugungsbildern. Diese sollten energiegefiltert sein, um den

1.4 Quantitative Auswertung von konvergenten Beugungsbildern

diffusen Untergrund aufgrund von Plasmonen- und Elektronenanregungen zu beseitigen [20, 24]. Nicht verhindern lässt sich der Untergrund durch mehrfache Phononenstreuung (*thermal diffuse scattering* TDS) mit Energieverlusten von weniger als 0,1 eV, der sich in Kikuchibändern äußert [24, 26]. Dieser verbleibende Untergrund wird außerhalb der Scheiben gemessen und abgezogen [22]. Nach dieser Untergrund- und nach geometrischen Korrekturen, die im Kapitel 3 beschrieben werden, können die experimentellen Intensitäten mit simulierten verglichen und Strukturparameter über die Methode der kleinsten Fehlerquadrate mit einem Algorithmus verfeinert werden.

Verfeinerbare Parameter sind zum einen die Atompositionen. HOLZ-Reflexe reagieren besonders empfindlich auf die Atompositionen. Dies hat zwei Ursachen. Zum einen findet Elektronenstreuung hin zu großen Winkeln am Kernpotential statt. Zum anderen reagiert der Strukturfaktor von HOLZ-Reflexen mit großem g durch das Skalarprodukt $g \cdot r$ in der Phase empfindlich auf kleine Änderungen in r. Auch der Einfluss des Debye-Waller Faktors steigt mit g. Tsuda und Tanaka [21] bestimmten die Oktaederverdrehung ϕ und die Debye-Waller Faktoren $B(O)$ für die Tieftemperaturphase von $SrTiO_3$ anhand von Linienprofilen ausgewählter HOLZ-Reflexe. Die Reflexe in der ersten Laue-Zone (FOLZ) entstehen durch die Oktaederverdrehung und somit hängt deren Intensität nur von ϕ und $B(O)$ ab. Für Reflexe der zweiten Laue Zone (SOLZ) dagegen nimmt die Intensität mit steigendem ϕ ab. Mit Reflexen aus beiden Laue-Zonen können beide Parameter verfeinert werden. Die Anwesenheit von HOLZ-Beugungsvektoren in allen Richtungen lässt auch die Bestimmung anisotroper Temperaturfaktoren zu [22]. Die Temperaturfaktoren wirken sich auch auf ZOLZ-Reflexe höherer Ordnung aus.

Strukturfaktoren für Röntgenbeugung F_g^X niedriger Ordnung können aus den Fourier-Koeffizienten des Potentials V_g (Gleichung 1.6) bestimmt werden. Streuung von Elektronen hin zu kleinen Winkeln ist hauptsächlich auf die Wechselwirkung mit Valenzelektronen zurückzuführen. Für $s = |g|/2 < 0,25 \text{Å}^{-1}$ ist der Unterschied im Formfaktor zwischen neutralem und ionisiertem Atom für Elektronen verstärkt [27]. Dies kommt durch die Umrechnung von Strukturfaktoren für Elektronenbeugung F_g^e in Strukturfaktoren für Röntgenbeugung F_g^X zustande. Die Strukturfaktoren für Elektronenbeugung F_g^e sind proportional zu den Fourier Koeffizienten des Potentials (Gleichung 1.12) [20, 28].

$$V_g = F_g^e \frac{h^2}{8\pi\epsilon_0 m_e e^2 \Omega} \qquad (1.12)$$

1 Konvergente Elektronenbeugung (CBED)

ϵ_0 ist die Dielektrizitätszahl des Vakuums, m_e die Ruhemasse des Elektrons und Ω das Zellvolumen. Die Umwandlung (Gleichung 1.13) von Strukturfaktoren für Elektronenbeugung F_g^e in Strukturfaktoren für Röntgenbeugung F_g^X (Gleichung 1.13) lässt sich aus der Poisson-Gleichung herleiten [29, 27, 28].

$$F_g^X = \sum_i Z_i exp\left(-B_i s^2\right) exp\left(-2\pi i g \cdot r_i\right) - \frac{8\pi\epsilon_0 h^2 s^2 F_g^e}{m_e e^2} \qquad (1.13)$$

Wobei Z_i die Ordnungszahl des Elements i ist, B_i dessen Debye-Waller Faktor und $s = sin\theta/\lambda = |g|/2$ ist. Für kleine Beugungsvektoren g bewirkt eine kleine Änderung in F_g^X eine große in F_g^e. So können aus verfeinerten F_g^e für Reflexe niedriger Beugungsordnung die entsprechenden F_g^X sehr genau bestimmt werden [20, 27]. Der erste Term von Gleichung 1.13 beschreibt den Beitrag der Kernladung, der nur für Elektronenbeugung vorhanden ist[5]. In diesem ist der Debye-Waller Faktor B enthalten, weshalb dessen genaue Betimmung wichtig für die Verfeinerung von Röntgenstrukturfaktoren niedriger Ordnung ist [27]. Aus den so verfeinerten Strukturfaktoren lässt sich die Elektronendichte $\rho(r)$ über eine Fouriersynthese erhalten.

$$\rho(r) = \frac{1}{\Omega} \sum F_g^X exp(2\pi i g \cdot r) \qquad (1.14)$$

Die nicht zu verfeinernden Strukturfaktoren höherer Ordnung können für neutrale Atome nach Doyle und Turner [30] berechnet werden [28]. Die Absorption durch TDS wird mittels komplexen Formfaktoren nach Bird und King [31, 32] implementiert. Aufgrund von CBED-Daten wurden so schon Strukturmodellverfeinerungen für die Perowskite LaCrO$_3$ [27] und BaTiO$_3$ [33] durchgeführt.

---

[5]Die hier verwendeten Strukturfaktoren F_g^X und F_g^e besitzen unterschiedliche Vorzeichen.

2 Das System PbZr$_{1-x}$Ti$_x$O$_3$ und verwandte Materialien

Das System PbZr$_{1-x}$Ti$_x$O$_3$ (PZT) wird schon seit vielen Jahren ausgiebig untersucht. Nach der Entdeckung der monoklinen Phase im Jahr 1999 [34] im Bereich der morphotropen Phasengrenze (MPB) stieg das Interesse erneut an. Dieses Kapitel referiert die wichtigsten Arbeiten, die zur Interpretation der monoklinen Phase beigetragen haben. Diese beziehen sich größtenteils auf Beugungsexperimente, aber auch auf Methoden, die die lokale Umgebung messen, was in einem ungeordneten Mischsystem von Bedeutung ist. Auch theoretische Ansätze dazu werden behandelt. Zudem wird die Theorie der adaptiven Phase [35] beschrieben, da die Beobachtung von Nanodomänen im TEM für den Bereich der MPB [3] die Diskussion berechtigt, ob die monokline Phase nicht eine adaptive Phase, bestehend aus Nanodomänen höherer Symmetrie, ist. Hier lohnt sich ein Blick auf das System PMN-PT (PbMn$_{1/3}$Nb$_{2/3}$O$_3$-PbTiO$_3$), für das die Domänenkonfigurationen und die Beziehungen unter den Gitterparametern mit der Theorie übereinstimmen.

2.1 Perowskit-Struktur

Wie die meisten Ferroelektrika kristallisiert auch PZT in der Perowskitstruktur. Diese tritt für Materialen mit der Stöchiometrie $A^{2+}B^{4+}O_3^{2-}$ häufig auf. Ob die Struktur stabil ist, lässt sich über den Goldschmidtschen[36] Toleranzfaktor t (vgl. Gleichung 2.1) aus den Ionenradien abschätzen. Dieser Faktor ergibt sich aus der Geometrie der Struktur.

$$t = \frac{R_A + R_O}{\sqrt{2} \cdot (R_B + R_O)} \quad (2.1)$$

Das A-Kation ist 12-fach mit Sauerstoffionen im Abstand $\approx \frac{\sqrt{2}}{2} \cdot a_0$ koordiniert, das B-Kation hat eine oktaedrische Umgebung mit sechs Sauerstoffen im Abstand $\approx \frac{1}{2} \cdot a_0$. Der ideale Perowskit hat einen Toleranzfaktor von 1 und liegt in der kubischen

2 Das System PbZr$_{1-x}$Ti$_x$O$_3$ und verwandte Materialien

Struktur mit der Raumgruppensymmetrie $Pm\bar{3}m$ vor. Die Gitterkonstante a_0 liegt bei etwa 4 Å. Eines der wenigen Materialien, das bei Raumtemperatur kubisch ist, ist SrTiO$_3$. Schon das Mineral CaTiO$_3$, das der Struktur den Namen gab, weicht von der idealen Symmetrie ab und ist orthorhombisch ($Pbnm$). Die Perowskit-Struktur ist stabil, sofern der Toleranzfaktor im Bereich $0,89 < t < 1,02$ liegt.

2.2 Ferroelektrizität

Notwendige aber nicht hinreichende Bedingung für Ferroelektrizität ist ein piezoelektrischer Kristall. Ein solcher zeichnet sich durch eine Punktgruppensymmetrie ohne Inversionszentrum aus. Die Ionen erzeugen durch ihre Auslenkung von der zentrosymmetrischen Lage eine spontane Polarisation. Diese kann durch Druck verändert werden. Dies wird als direkter Piezoeffekt bezeichnet. Umgekehrt wird die Reaktion des Gitters auf ein externes elektrisches Feld als inverser Piezoeffekt bezeichnet. Entsteht die piezoelektrische Phase aus einer höhersymmetrischen, kommt es zur Ausbildung von Domänen, deren Anzahl von der Ordnung des Phasenübergangs abhängt. In Anlehnung an den Ferromagnetismus erfolgte die Bezeichnung Ferroelektrizität. Zur Reaktion eines ferroelektrischen Materials tragen zwei Effekte bei:

- Der intrinsische Effekt entspricht dem Piezoeffekt.

- Der extrinsische Effekt entsteht durch das Schalten von Domänen. Günstig zum Feld orientierte Domänen wachsen auf Kosten der anderen.

2.3 Phasendiagramm

Grundlage für viele spätere Arbeiten an PZT bildet das von Jaffe *et al.* [37] für Temperaturen oberhalb von Zimmertemperatur gemessene Phasendiagramm in Abbildung 2.1 (a). Abgesehen von der antiferroelektrischen Phase des PbZrO$_3$ teilt sich das Phasendiagramm in zwei Bereiche auf. Für Zr-reiche Zusammensetzungen bildet sich eine rhomboedrische Verzerrung aus (R3m und R3c). Für Ti-reiche Zusammensetzungen von $x \geq 0,48$ bis hin zum PbTiO$_3$ ist die Verzerrung tetragonal ($P4mm$). Getrennt werden beide durch eine fast vertikale Linie bei $x \approx 0,47$, die morphotrope Phasengrenze (MPB). In den Arbeiten von Jaffe *et al.* [37] ist diese

2.3 Phasendiagramm

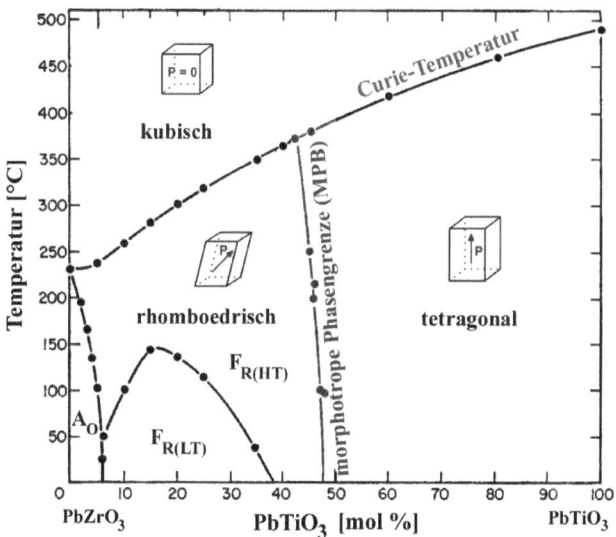

Abbildung 2.1: Phasendiagramm von PbZr$_{1-x}$Ti$_x$O$_3$ nach Jaffe *et al.* [37, 38]

als die Linie definiert, bei der rhomboedrische und tetragonale Phase zu gleichen Anteilen vorliegen.

Zu Zeiten Jaffes erstreckte sich der morphotrope Phasenbereich über bis zu 15 Mol% [39]. Durch sorgfältigere Probenpräparation wurde die Breite des morphotropen Phasenbereichs jedoch eingeschränkt. So fanden Mishra *et al.* [40] die Koexistenz beider Phasen nur im Zusammensetzungsbereich $0,47 \leq x \leq 0,48$. Im Gegensatz zur sonst üblichen Festkörpersynthese stellten die genannten Autoren ihr Material nasschemisch her. Kurz darauf schlugen Noheda *et al.* [1] aufgrund hochaufgelöster Röntgenmessungen an PZT 52/48[1] bei tiefen Temperaturen eine monokline Struktur (Cm) vor. Eine Analyse des gesamten morphotropen Zusammensetzungsbereichs ergab einen Stabilitätsbereich der monoklinen Phase für $0,46 \leq x \leq 0,51$ entsprechend Abbildung 2.8 [4].

---

[1]Diese Bezeichnung PZT (1-x)/x wird in dieser Arbeit ebenfalls für PbZr$_{1-x}$Ti$_x$O$_3$ verwendet. Bei der Bezeichnung mit x muss beachtet werden, dass bei den in dieser Arbeit gezeigten Phasendiagrammen x dem Ti-Gehalt entspricht. Einige Autoren bezeichnen mit x jedoch den Zr-Gehalt.

2 Das System $PbZr_{1-x}Ti_xO_3$ und verwandte Materialien

2.3.1 $PbZrO_3$

Das eine Endglied des Mischsystems $PbZr_{1-x}Ti_xO_3$ ist $PbZrO_3$. Dieses besitzt bei Raumtemperatur eine antiferroelektrische orthorhombische Struktur A_O, die bis etwa 5 Mol% $PbTiO_3$ stabil ist. Die Raumgruppe wurde mittels konvergenter Elektronenbeugung eindeutig bestimmt und ist *Pbam* [41]. Die Einheitszelle enthält acht primitive Perowskitzellen mit der Gitterkonstante a_0. Die Gitterkonstanten der orthorhombischen Zelle sind $a = 5,876\,\text{Å} \cong \sqrt{2} \cdot a_0$, $b = 11,771\,\text{Å} \cong 2 \cdot \sqrt{2} \cdot a_0$ und $c = 8,219\,\text{Å} \cong 2 \cdot a_0$. Die Größe der Einheitszelle ist bedingt durch die doppelreihige Anordnung der Dipolmomente in $(110)_c$-Ebenen[2] (Abbildung 2.2 (b)). Die Dipolmomente sind in $[100]_o$ bzw. $[110]_c$ gerichtet und werden durch Auslenkungen des Pb und O verursacht. Zr mit einem Ionenradius von 0,72 Å wird durch die Abstoßung innerhalb des Oktaeders kaum ausgelenkt [42]. Der Oktaeder ist verzerrt, die O-Zr-O Bindung geknickt, aber die Zr-O Abstände ändern sich nicht [43]. Durch die Auslenkung des Pb und die Oktaederverdrehung entstehen vier kurze Pb-O Bindungen [44, 41].

In der antiferroelektrischen Phase treten 180°, 90° und 60° Domänenwände auf [45]. 180°-Domänenwände entsprechen Antiphasendomänen, die die Periodizität der Dipole durch eine zusätzliche Verschiebung stören [45]. Die Domänenwand liegt bevorzugt parallel zu den Dipolmomenten in $(110)_c$-Ebenen.

90°-Domänenwände liegen in $\{100\}_c$- bzw. $\{120\}_o$-Ebenen. Dabei ist die a-Achse der einen Domäne parallel zur b-Achse der anderen. Die Zwillingsoperation für eine *head to tail*-Anordnung ist eine zweizählige Rotation um die Domänenwandnormale.

Es treten noch 60°-Domänen in $\{110\}_c$-Ebenen auf. Diese sind anhand von Beugungsbildern mit $[201]_o$- bzw. $[111]_c$-Einstrahlrichtung zu erklären. Dies ist die gemeinsame Achse beider Domänen, die b-Achsen sind um 60° gegeneinander verdreht [45].

In einem schmalen Temperaturbereich von 10 K unterhalb der *Curie*-Temperatur bei etwa 500 K, wurde eine ferroelektrische Phase beobachtet [46]. Geringer Druck und geringe Dotierungen z.B. von Ti stabilisieren die ferroelektrische Phase. Die antiferroelektrischen Auslenkungen bleiben erhalten, ordnen sich jedoch in jeder $(110)_c$-Ebene antiparallel an (Abbildung 2.2 (b) [42]). Dadurch ist die Struktur mit

---

[2]Ein tiefgestelltes c steht für kubische Indizierung, o für orthorhombische.

2.3 Phasendiagramm

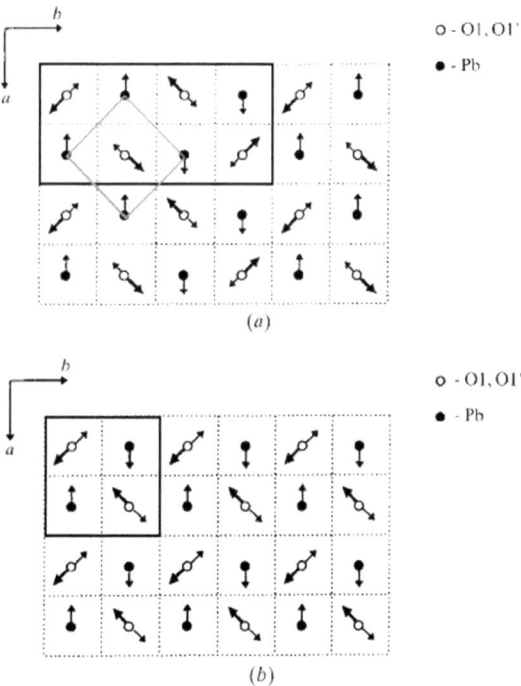

Abbildung 2.2: Projektion der antiferroelektrischen Ordnung in der ab-Ebene von PbZrO$_3$; (a) bei tiefen Temperaturen sind in jeweils zwei benachbarten (110)-Ebenen die Pb-Kationen parallel ausgelenkt. Die durchgezogenen schwarzen Linien markieren die orthorhombische Zelle, die grauen Linien die kubische. (b) Im ferroelektrischen Zustand unterhalb der *Curie*-Temperatur ordnen sich die Dipolmomente antiferroelektrisch in einzelnen (110)-Ebenen, wodurch die b-Achse halbiert wird. Zusätzlich bildet sich eine ferroelektrisch geordnete Auslenkung des Pb-Kations in c-Richtung aus [42].

einer halb so großen Zelle der Raumgruppe $F2mm$ zu beschreiben [41, 45]. Zusätzlich bildet sich eine ferroelektrische Auslenkung des Pb in c-Richtung aus. Die sich aus dem Rietveld-fit ergebende Auslenkung beträgt 0,08 Å, aus der angepassten Paar-

2 Das System $PbZr_{1-x}Ti_xO_3$ und verwandte Materialien

verteilungsfunktion (PDF *pair distribution function*) ergeben sich 0,14 Å [42]. Die Korrelationslänge dieser ferroelektrischen Auslenkung liegt im Bereich von $\approx$ 20 Å. Sie verschwindet nicht in der antiferroelektrischen Phase sondern ist in geringererem Maße auch bei tiefen Temperaturen vorhanden, jedoch unkorreliert ($\leq 2a_0$) [42].

2.3.2 PbTiO$_3$

PbTiO$_3$ ist das andere Endglied des Phasendiagramms. Unterhalb der *Curie*-Temperatur von 763 K liegt es in der tetragonalen Struktur *P4mm* vor. Für PbTiO$_3$ existiert nur dieser eine Phasenübergang. Cohen [47] vergleicht PbTiO$_3$ mit BaTiO$_3$ mittels LDA-Rechnungen (*local density approximation*). Dabei substituiert er Ba in die Struktur von PbTiO$_3$. Er vergleicht die beiden Ferroelektrika, da BaTiO$_3$ im Gegensatz zu PbTiO$_3$ eine Abfolge von drei Phasenübergängen mit sinkender Temperatur durchläuft: kubisch $\to$ tetragonal $\to$ orthorhombisch $\to$ rhomboedrisch. Diese Phasenübergänge werden einer zunehmenden Ordnung von <111> Auslenkungen zugeschrieben [48, 49]. Bei hohen Temperaturen werden unkorrelierte <111>-Auslenkungen auch für PbTiO$_3$ diskutiert [50]. Die Ferroelektriziät in beiden Materialien wird hervorgerufen durch eine Hybridisierung der Ti 3d mit einem O1 2p Orbital[3]. Zusätzlich ermöglicht die starke tetragonale Verzerrung ($\frac{c}{a} = 1,06$) und die Polarisierbarkeit des Pb eine Hybridisierung der Pb 6s mit den O2 2p Orbitalen. Diese vier Pb-O Bindungen stabilisieren die tetragonale Struktur für PbTiO$_3$ bei tiefen Temperaturen im Gegensatz zu BaTiO$_3$ [47].

Kuroiwa *et al.* [51] weisen mit Rietveld und der Maximum-Entropie-Methode (MEM) den kovalenten Charakter der Pb-O Bindung nach. Die minimale Elektronendichte zwischen Pb und O2 beträgt 0,22 e/Å^3 (Untergrund) in der kubischen Phase und 0,45 e/Å^3 in der tetragonalen. Das zeugt von kovalentem Charakter. Auch ist die Bindung mit 2,51 Å kürzer als die aus den Ionenradien [52] berechnete mit 2,69 Å. Abbildung 2.3 [53] zeigt das Potential und die Elektronendichte der (100) PbO-Ebene basierend auf den Ergebnissen von Kuroiwa *et al.* [51].

Deutlich höher ist die minimale Elektronendichte in der kürzesten Ti-O Bindung mit 1,25 e/Å^3. Die lange Ti-O Bindung kann als ionisch angesehen werden (0,22 e/Å^3). Die Elektronendichte der vier mittleren Bindungen in der (002)-Ebene bleibt mit $\approx 0,9$ e/Å^3 nahezu unverändert. Die Valenzen geben Kuroiwa *et al.* [51] mit +1,1 für Pb, +2,4 für Ti, -1,4 für O1 und -1,0 für O2 an. Cohen legte die Valenz von Pb

---
[3] O1 liegt mit Ti auf einer Achse parallel zu c, die beiden O2 liegen mit Ti fast auf einer Ebene senkrecht zu c.

2.3 Phasendiagramm

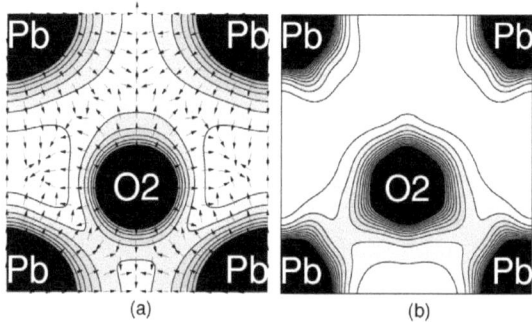

Abbildung 2.3: (a) Elektrostatisches Potential und das elektrische Feld in der (100)-PbO Ebene von PbTiO$_3$ (b) Elektronendichte in der selben Ebene, Konturlinien von $0,2 - 2\,\text{e}/\text{Å}^3$ sind dargestellt.[53]

auf +2 fest und erhielt +2,89 für Ti und -1,63 für O (ein Wert für beide Positionen). Bei Cohen zeigen die Isoflächen gleicher Elektronendichte mit $0,26\,\text{e}/\text{Å}^3$ eine Wolke, die den weit entfernten O2 zugewandt ist. Dies beobachten Tanaka et al. [53] nicht, weisen aber darauf hin, dass ein Vergleich mit den von Cohen ermittelten Isoflächen nicht möglich ist, da dessen Berechnungen keine Kernelektronen beinhalten, wie sie in Rietveld/MEM enthalten sind. Abbildung 2.4 zeigt das Potential (a) und die z-Komponente des elektrischen Feldes (b) farbig dargestellt auf den Isoflächen [53] im Vergleich zu dem Ergebnis von Cohen [47] (c). Deutlich zu erkennen in (a) ist das erhöhte Potential auf der Isofläche des Pb hin zum O2, das von einer gerichteten Bindung zeugt.

Da PbTiO$_3$ tetragonal ist, sind 180° und 90° Domänen möglich. Ungeladene 180° Domänenwände können alle Ebenen parallel zu $[001]_t$ sein. 90°-Domänenwände sind $\{101\}_t$-Ebenen. Rein theoretische Berechnungen [54] ergaben für 90°-Domänenwände eine mit $35\,mJ/m^2$ viermal niedrigere Energie als für 180°-Wände. Letztere sind energetisch günstiger, wenn sie in PbO-Ebenen (100) liegen, anstelle von TiO$_2$-Ebenen. Die Polarisation ändert sich innerhalb von zwei Gitterkonstanten und damit ist die Domänenwand sehr schmal. Dies gilt auch für die 90° Wand, bei der die Polarisation sich innerhalb von drei d_{110} ändert. Beides stimmt gut mit experimentell bestimmten Werten für die Domänenwandbreite und Energie von 90°-Wänden überein. Die Auswertung von HRTEM-Bildern [55] ergaben für eine 90°-Wand eine

2 Das System PbZr$_{1-x}$Ti$_x$O$_3$ und verwandte Materialien

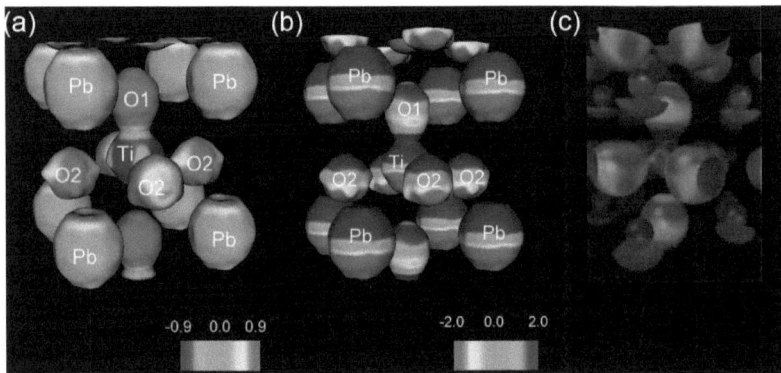

Abbildung 2.4: (a) Elektrostatisches Potential -0,9 (blau) bis 0,9 e/Å (rot) projiziert auf die Isoflächen mit 0,86 e/Å^3 nach Tanaka *et al.* [53]. (b) Isoflächen mit 1.0 e/Å^3. Farbig dargestellt ist die z-Komponente des elektrischen Feldes [53]. (c) Isoflächen mit 0,26 e/Å^3 mit z-Komponente des elektrischen Feldes nach Cohen [49].

Domänenwandbreite von ≈ 3d_{110}. Die zentrale Ebene der 90°-Domänenwand ist die O-Ebene und nicht die PbTiO-Ebene [54]

2.3.3 Rhomboedrisches PZT

PbZr$_{1-x}$Ti$_x$O$_3$ mit $0,05 < x < 0,45$ geht bei der *Curie*-Temperatur in eine rhomboedrische (*R*3m) Verzerrung über. Proben in diesem Zusammensetzungsbereich wurden von Corker *et al.* [56] und Ricote *et al.* [57, 58] mittels TEM und Neutronenbeugung untersucht. Bis zu $x \approx 0,38$ tritt bei Zimmertemperatur zusätzlich eine Oktaederverdrehung vom Typ $a^-a^-a^-$ [59, 60] auf, die die primitive Zelle entlang aller Richtungen verdoppelt. Die Raumgruppe dieser ferroelektrischen Tieftemperaturphase F$_{R(LT)}$ ist *R*3c. Von Ricote *et al.* [57] wurde ein Modell aufgestellt, das für Proben dicht an der Grenze zur antiferroelektrischen Phase ($x = 0,06$ und $x = 0,12$) antiparallele <110> Auslenkungen des Pb postuliert. Mit den daraus folgenden Strukturmodellen können die Überstrukturreflexe erklärt werden, die nicht auf Oktaederverdrehungen zurückzuführen sind. Das Pb besitzt dann vier kurze Bindungen zu O und an Antiphasengrenzen ist die Struktur ähnlich zur A$_O$ Phase.

2.3 Phasendiagramm

Mit steigender Temperatur [61] und steigendem Ti-Gehalt [56] verschwindet diese Oktaederverdrehung und die Raumgruppe der $F_{R(HT)}$ Phase ist $R3m$. Eine aufgrund von Neutronendaten mögliche getrennte Verfeinerung der Ti und Zr Auslenkung in [111] ergab zwei verschiedene Positionen. Ein wenig ausgelenktes Zr, dessen Auslenkung mit dem Ti-Gehalt abnimmt, während die Auslenkung des Ti selbst zunimmt. Dies steht in Übereinstimmung mit den Erwartungen aufgrund der Strukturen der Endglieder des Phasendiagramms und gemessenen Paarverteilungsfunktionen (PDF *pair distribution function*) [43]. Diese zeigen keine Aufspaltung der Zr-O Bindungslängen. Die O-Zr-O Bindungen sind möglicherweise geknickt. Dadurch wird das Oktaeder verzerrt. Die Dreiecksfläche, zu der hin das B-Kation ausgelenkt ist, vergrößert sich, die abgewandte Fläche ist dementsprechend kleiner. Dieser Parameter nimmt mit steigendem x ab. Im Gegensatz dazu nimmt die Streckung des Oktaeders, bedingt durch die rhomboedrische Verzerrung der Zelle, entlang [111] bzw. der hexagonalen c-Achse (c_h) mit steigenden x zu. Dies ist außergewöhnlich für Perowskite [56, 62]. Ein weiteres Resultat der Verfeinerung [56] sind stark abgeflachte thermische Ellipsoide für Pb senkrecht zu [111] (siehe Abbildung 2.10). Aufgrund dieser führten Corker *et al.* das Modell mit einer zu einem Drittel besetzten $6b$- statt der $2a$-Position für das Pb ein. Dies entspricht einer etwas kleineren [111] mit einer zusätzlichen <100>-Verschiebung von etwa $0,2$ Å. Die physikalische Erklärung für dieses Modell ist die Ausbildung von vier kürzeren Pb-O Bindungen von $2,51, 2,54, 2,71$ und $2,71$ Å und zwei längeren von $2,80$ und $2,85$ Å anstelle der drei kurzen Bindungen mit $2,549$ Å und drei längeren mit $2,872$ Å bei der Zusammensetzung $x = 0,33$. Auch die PDF Ergebnisse von Dmowski [43] zeigen vier kurze Pb-O Bindungen. Dies ist in rhomboedrischer Symmetrie nicht möglich. Somit sollte die lokale Struktur von der mittleren, rhomboedrischen Symmetrie abweichen.

Die Domänenkonfiguration in rhomboedrischen PZT-Keramiken untersuchten Ricote *et al.* [58]. Für rhomboedrische Ferroelektrika sind acht verschiedene Polarisationsrichtungen möglich. Diese können durch spannungsfreie Domänenwände in {100} und {110} getrennt sein [63]. Beim Phasenübergang $Pm3m \rightarrow R3m$ gehen alle {100}- und drei der sechs {110}-Spiegelebenen verloren, bzw. die zweizähligen Rotationen senkrecht zu diesen. Ricote *et al.* [58] nennt die {100}-Ebenen 71°-Domänenwände und die {110}-Ebenen 109°-Domänenwände. Aufgrund der in Ferroelektrika häufiger auftretenden *head to tail*-Anordnung [64] ist es sinnvoller die Nomenklatur zu ändern. Der mathematisch korrekte Winkel zwischen Polarisationsvektoren beträgt für {110}-Ebenen, z.B. in (110) mit [111] und [11$\bar{1}$], 71°. Bei

2 Das System $PbZr_{1-x}Ti_xO_3$ und verwandte Materialien

{100}-Ebenen sind es dagegen 109°, z.B. zwischen [111] und [1$\bar{1}\bar{1}$] an einer (100) Wand[4]. Beide Domänenwände sind in Abbildung 2.5 schematisch dargestellt, um die Zwillingsoperationen zu veranschaulichen. {110}- also 71°-Wände treten häufiger auf, da die Energie von {100}-Wänden dreimal höher ist [66]. Die Domänen

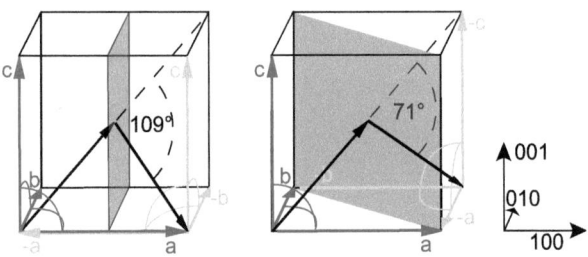

Abbildung 2.5: (a) 109°-Domänenwand in (100)-Ebene und (b) 71°-Domänenwand in (110)-Ebene.

sind mit Breiten zwischen 100 nm und 800 nm relativ groß [58]. Charakteristisch für rhomboedrisches PZT erscheinen keilförmige Domänen, die mitten im Korn enden. Die Domänenwände weichen dabei von der idealen Orientierung in {100}- bzw. {110}-Ebenen ab. Eine Ausbildung von Zig-Zag Domänen, um *head to head*- bzw. *tail to tail*-Anordnungen zu vermeiden, beschreiben Randall *et al.* [66] in modifizierten rhomboedrischen PZT-Keramiken. In tetragonalen $BaTiO_3$ beobachteten Tanaka und Honjo [13] Zig-Zag Domänen dort, wo ansonsten eine ungünstige 180° *head to head*- bzw. *tail to tail*-Wand auftreten müsste. Ein solcher Zwang ist bei den keilförmigen rhomboedrischen Domänen nicht offensichtlich, und Ricote *et al.* [58] vermuten einen Zusammenhang mit der Oktaederverdrehung. Ein weiteres charakteristisches Merkmal sind Bifurkationen. Domänen enden in zwei Spitzen. Hin zur MPB werden zunehmend parallele Bänder von Domänen beobachtet. Für die Probe 45/55 treten viele verschiedene Konfigurationen auf. Auch die Aufspaltung der Reflexe ist größer als von den Autoren für rhomboedrische Domänen erwartet, weshalb sie eine Koexistenz der tetragonalen Phase für diese Zusammensetzung in Betracht ziehen.

---

[4]Diese Nomenklatur wird auch von H. Wang *et al.* [65] und Y.U. Wang [35] verwendet.

2.3 Phasendiagramm

2.3.4 Tetragonales PZT

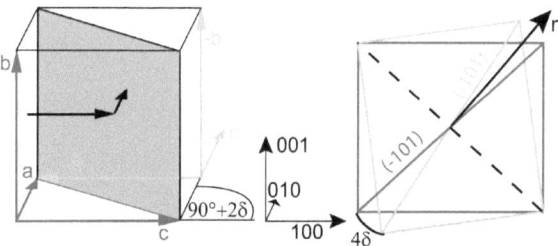

Abbildung 2.6: (a) 90°-Domänenwand in (110) Ebene (b) Die Projektion entlang [001] erklärt die Entstehung der Reflexaufspaltung in <100> Beugungsbildern.

Tetragonales PZT besitzt die Struktur von PbTiO$_3$. Das heißt es bilden sich ebenso 90°- und 180°-Domänenwände aus. Die Domänenkonfiguration in tetragonalen PZT-Keramiken wird von lamellaren 90°-Domänen dominiert [3, 38, 67]. Unterhalb von 1 µm besteht die Domänenkonfiguration aus lamellaren Bändern, oberhalb setzt sich die Domänenkonfiguration aus mehreren solchen Bereichen zusammen [68]. Beides kann mit den Modellen für dreidimensionale Domänenkonfigurationen in tetragonalen Ferroelektrika von Arlt und Sasko [69] beschrieben werden. Aufgrund der beobachteten Fischgrätenmuster in REM-Aufnahmen (Raster-Elektronen Mikroskopie) von BaTiO$_3$ rekonstruierten sie Domänenkonfigurationen unter der Annahme, dass sich das Volumen eines Würfels beim Phasenübergang $Pm\bar{3}m \rightarrow P4mm$ nicht ändert. Dies gelingt durch die Anordnung lamellarer 90°-Domänen in mehreren, durch C-Wände[5] in {110} getrennten, Bereichen. Je nach Anordnung der 90°-Domänenwände lassen sich die Konfigurationen in zwei verschiedenen Typen unterteilen. Im α-Typ liegen vier Polarisationen vor und die lamellaren Domänen sind symmetrisch zur C-Wand angeordnet. Dadurch setzt sich diese aus streifenförmigen 90°- und 180°-Bereichen zusammen. Beim β-Typ sind drei Polarisationsrichtungen ausreichend und die Domänen sind nicht symmetrisch zur C-Wand. Diese setzt sich aus Parallelogrammen mit 0°-, 90°- und 90°- *head to side-* (+) bzw. *tail to*

---
[5]Diese Bezeichnung wurde von Arlt und Sasko [69] gewählt und bezieht sich auf die kubische Achse, die in der Ebene liegt. In Bezug auf Abbildung 2.7 bietet es sich an Wände, die Bereiche mit lamellaren 90°-Domänen trennen, als C-Wände zu bezeichnen.

2 Das System $PbZr_{1-x}Ti_xO_3$ und verwandte Materialien

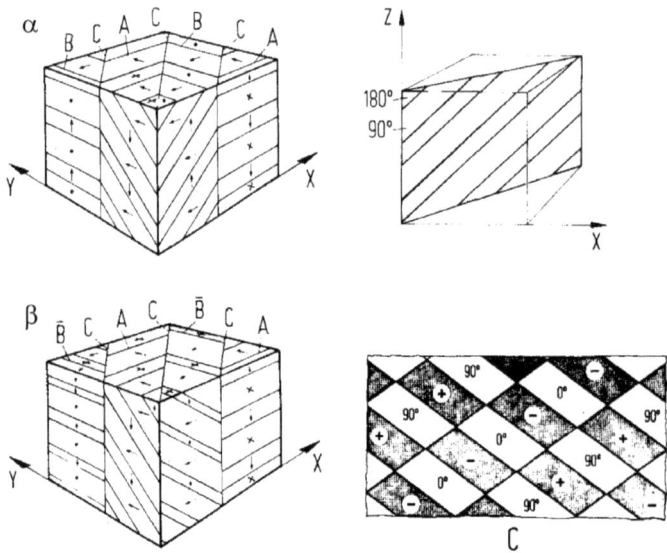

Abbildung 2.7: Modell der α- und β-Domänenkonfiguration für tetragonale Ferroelektrika nach Arlt und Sasko [69]. Beim α-Typ besteht die C-Wand aus Streifen von 90°- und 180°-Bereichen, beim β-Typ entstehen geladene (+/-) 90°-*head to side-/head to tail*-Domänenwände neben 0°- und 180°-Bereichen in der C-Wand.

side-Domänenwänden (-) zusammen. Die letzten beiden sind keine spannungsfreien Zwillingsebenen. Die beiden Typen sind in Abbildung 2.7 dargestellt [69].
90°-Domänen erzeugen eine Aufspaltung von Reflexen in <100>-Beugungsbildern. Diese Aufspaltung wurde für tetragonales $BaTiO_3$ von Tanaka und Honjo [13] beschrieben und auch quantitativ ausgewertet. Dabei sind zwei Arten von Aufspaltungen zu unterscheiden. Je nachdem welche Achsen in den beiden Domänen parallel zum Strahl liegen, werden die Domänen als aa- oder ac-Domänen bezeichnet. Für ac-Domänen, mit geneigter Domänenwand, spalten die Reflexe direkt durch das $\frac{a}{c}$-Verhältnis auf. Die Aufspaltung durch aa-Domänen, mit zum Strahl paralleler Domänenwand, ist in Abbildung 2.6 schematisch dargestellt. Der tatsächliche Winkel zwischen den c-Achsen beider Domänen beträgt $90° + 2\delta = 2\arctan(\frac{c}{a})$. Die Orientierung der $(10\bar{1})$-Ebenen in beiden Domänen weicht dann um 4δ voneinander ab

und führt zu der beobachteten Reflexaufspaltung. Anhand der Aufspaltung in Bezug auf die Domänenwandrichtung identifizierten Hu et al. [70] *head to side* Domänen in BaTiO$_3$, wie sie im β-Typ von Arlt und Sasko auftreten.
Die Abweichung von 90° führt zu Spannungen an Mehrdomänengrenzen, so z.B auch in der C-Wand des α-Typs [69]. MacLaren et al. [71] schätzten die Spannung an einer solchen Vierdomänengrenze in PZT 45/55 auf ca. 1 GPa ab. Sie verwendeten dazu CBED und Kikuchi-Beugung, um die Orientierungsbeziehung der vier Domänen zu erhalten. Die Spannung steigt mit zunehmendem $\frac{c}{a}$-Verhältnis. Dieses beträgt $\approx 1,03$ für PZT 45/55 und nimmt zur MPB hin ab ($\approx 1,02$ für PZT 52/48) [72].

2.3.5 Morphotrope Phasengrenze

Die hohen Dehnungen im Bereich der morphotropen Phasengrenze wurden lange Zeit der Koexistenz der rhomboedrischen und tetragonalen Phasen zugeschrieben [2]. Die Einschränkung des Koexistenzbereichs auf $\Delta x \leq 1\%$ durch Mishra et al. [40], zeigte aber, dass die Dielektrizitätszahl ϵ' und der planare Kopplungsfaktor k_p ihre Maximalwerte für Proben mit tetragonaler Zusammensetzung erreichen. Dieses Verhalten wird Gitterinstabilitäten in der Nähe der Phasengrenze zugeschrieben. Die von Noheda et al. [34, 1] vorgeschlagene monokline Phase war von daher bahnbrechend, da es die erste beobachtete ferroelektrische Phase war, bei der die Polarisation nicht an eine Achse gebunden ist und so möglicherweise in der monoklinen Ebene rotieren könnte [73].
Der Vorschlag des Strukturmodells mit monokliner Symmetrie basiert auf der Beobachtung einer dreifachen Aufspaltung des 111- und des 220-Reflexes in Röntgenbeugungsdiagrammen mit hoher Auflösung (vgl. Abbildung 2.8 [4]). Diese Aufspaltung entwickelt sich unterhalb von Zimmertemperatur (300 K) in PbZr$_{0,52}$Ti$_{0,48}$O$_3$ und nimmt mit sinkender Temperatur zu. Weitere Untersuchungen ergaben den in Abbildung 2.8 [4] dargestellten Stabilitätsbereich der monoklinen Phase. Bei Zimmertemperatur sind demnach die beiden Zusammensetzungen $x = 0,47$ und $x = 0,46$ monoklin. Bei 20 K reicht der Stabilitätsbereich bis $x = 0,51$. Für die Zusammensetzung $x = 0,45$ wurde nur ein Phasenübergang $P4mm \rightarrow R3m$ beobachtet. Aus diesem Grund wird eine vertikale Phasengrenze zwischen $x = 0,45$ und $x = 0,46$ angenommen, die den monoklinen Bereich vom rhomboedrischen trennt. Dies stimmt, im Rahmen kleinerer Abweichungen, die der Probenpräparation zugeschrieben werden können, mit Raman-Messungen überein [74, 75]. Demnach existiert ein Tripelpunkt zwischen $R3m$, Cm und $P4mm$ und der Phasenübergang $P4mm \rightarrow Cm$

2 Das System PbZr$_{1-x}$Ti$_x$O$_3$ und verwandte Materialien

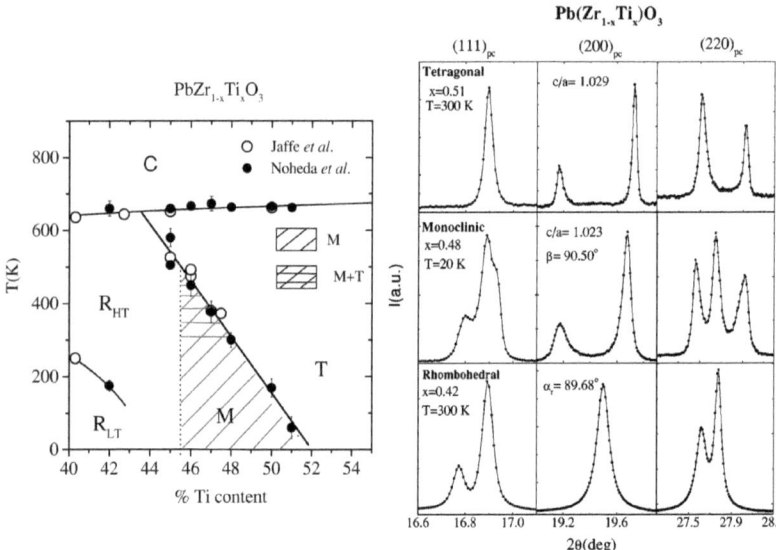

Abbildung 2.8: (links) Der morphotrope Bereich des Phasendiagramms für PbZr$_{1-x}$Ti$_x$O$_3$ und (rechts) die Form der pseudokubischen 111-, 200- und 220-Reflexe für tetragonale, monokline und rhomboedrische Struktur nach Noheda et al. [4]

muss zweiter Ordnung sein [76]. Das trotzdem ein Koexistenzbereich von tetragonaler und monokliner Struktur beobachtet wird, wird lokalen Inhomogenitäten in den Festkörperproben zugeschrieben [4, 76]. Aufgrund der starken Steigung der Trennlinie $P4mm/Cm$ reichen kleine Fluktuationen $\Delta x \leq 0,01$ aus, um einen deutlichen Unterschied in der Übergangstemperatur hervorzurufen [4]. Die monokline Phase wurde auch von anderen Gruppen bestätigt [77, 78]. Dabei wurde eine weitere monokline Tieftemperaturphase anhand von Überstrukturreflexen entdeckt, die einer $a^0a^0c^-$ Oktaederverdrehung zuzuorden sind [60, 79].
Die monokline Phase passt aus kristallographischer Sicht gut in den morphotropen Bereich, da Cm eine gemeinsame Untergruppe von $P4mm$ und $R3m$ ist. Die Gruppe-Untergruppe Beziehungen sind im Bärnighausen-Stammbaum [80] in Ab-

2.3 Phasendiagramm

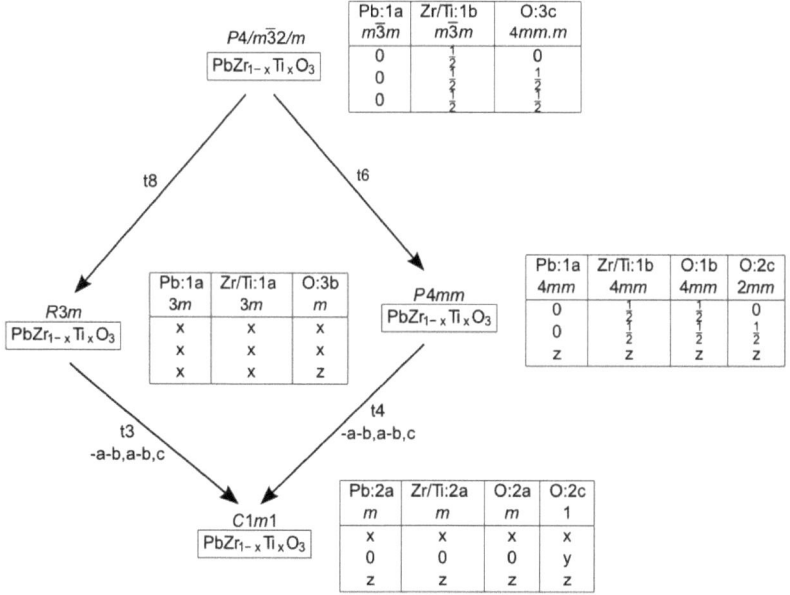

Abbildung 2.9: Bärnighausen Stammbaum [80] zur Darstellung der Gruppe-Untergruppe Beziehungen der drei Raumgruppen $Pm\bar{3}m$, $R3m$, $P4mm$ und Cm.

bildung 2.9 dargestellt[6]. $(\bar{1}10)$ ist die einzige gemeinsame Spiegelebene aller drei Punktgruppen. Durch die Aufstellung mit b_m[7] senkrecht zu dieser Ebene liegen die monoklinen Gitterparameter in $a = [\bar{1}\bar{1}0]$, $b = [1\bar{1}0]$ und $c = [001]$ und die Zelle ist C-zentriert. So sind in Cm die von Corker et al. [56] vorgeschlagenen zusätzlichen <100>-Auslenkungen erlaubt. Drei monokline Zellen mit Polarisationen in <112>, <121> und <211> ergeben im Mittel eine Polarisation in <111> und könnten so die anisotropen Temperaturfaktoren (ADPs anisotropic displacement parameters) erklären. Ähnlich zu Corker et al. beobachten Noheda et al. [1] in der tetragonalen Phase von $PbZr_{0,52}Ti_{0,48}O_3$ bei 325 K flache thermische Ellipsoide senkrecht zur

---
[6]Die Darstellung ist vereinfacht. Die anderen Raumgruppen des vollständigen Stammbaums [81, 82] wurden ausgelassen, um den Stammbaum übersichtlicher zu gestalten.
[7]Das tiefgestellte m kennzeichnet die monokline Indizierung. Ansonsten wird die pseudokubische Indizierung verwendet.

2 Das System $PbZr_{1-x}Ti_xO_3$ und verwandte Materialien

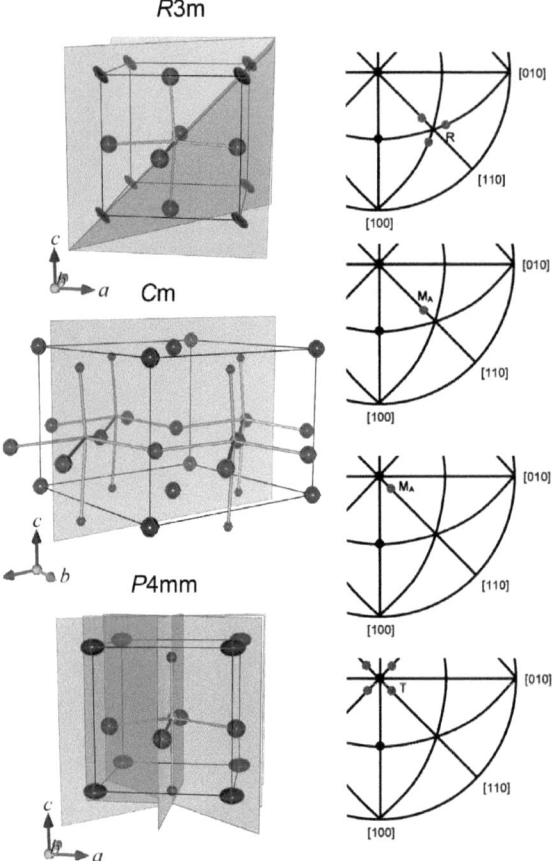

Abbildung 2.10: Kristallstrukturmodelle von rhomboedrischem, monoklinem und tetragonalem PZT mit anisotropen Temperaturfaktoren. Die Spiegelebenen sind grau dargestellt. In der rechten Spalte verdeutlichen die stereographischen Projektionen wie sich $R3m$ und $P4mm$ aus einzelnen monoklinen Bereichen zusammensetzen können [62].

polaren Achse (vgl. Abbildung 2.10). Sie schlugen deshalb vor, dass Pb ungeordnet jeweils einen 4d Platz (x,x,z) besetzt. Die Pb Auslenkung in <110> beträgt dabei

2.3 Phasendiagramm

$\approx 0,2$ Å. Die lokale Symmetrie wäre dadurch ebenfalls mit Cm zu beschreiben. So könnte sich die monokline Phase durch Ordnung der Pb Auslenkungen sowohl von der rhomboedrischen als auch von der tetragonalen Seite ausbilden [62]. Alle Strukturmodelle mit anisotropen thermischen Ellipsoiden sind in Abbildung 2.10 dargestellt[8]. Rechts daneben sind die stereograpischen Projektionen zu sehen, die das Modell des Ordnungs-Unordnungs-Übergangs veranschaulichen. Die rhomboedrische Polarisation entsteht durch Mittelung über drei, die tetragonale durch Mittelung über vier monokline Polarisationen. Sobald die Größe der monoklinen Domänen in den Bereich der Kohärenzlänge der verwendeten Strahlung kommt, kann die monokline Struktur in Beugungsexperimenten detektiert werden [62]. Vor allem zur rhomboedrischen Seite scheint diese langreichweitige Ordnung schnell verloren zu gehen. Dies zeigt die diffuse Streuung in Elektronenbeugungsbildern [62, 83]. Da die diffuse Streuung in Ebenen senkrecht zu <111> lokalisiert ist, spricht dies für eine Korrelation der Auslenkungen in <111>-Richtungen. Modelle mit in <111> korrellierten <111>-Auslenkungen[9] des Pb können die beobachtete diffuse Streuung qualitativ reproduzieren [83]. Die Modelle basieren jedoch auf einem kubischen Gitter und können auch die ADPs nicht erklären.

Dieses Modell mit der maximalen Unordnung auf der rhomboedrischen Seite der MPB passt zu den Beobachtungen von Ragini *et al.* [78, 84] und Singh *et al.* [85, 86], die wenig Hinweise für einen Phasenübergang $Cm \rightarrow R3m$ finden. Aufgrund der starken anisotropen Verbreiterung des 200-Reflexes schließen diese Autoren darauf, dass die rhomboedrische Phase nicht existiert und lokal monoklin ist. Dies steht jedoch im Widerspruch zu den Raman-Spektren, die rhomboedrische Symmetrie zeigen [75].

Neueste Neutronenbeugungsexperimente von Yokota *et al.* [87] über den rhomboedrischen Bereich von PZT mit einer Auflösung bis $d = 0,3$ Å und Absorptionskorrektur ergaben im Vergleich zu Corker *et al.* [56] physikalisch vertretbare ADPs. Die besten Übereinstimmungen zu den gemessenen Beugungsbildern zeigte das Modell der Koexistenz von $R3c$ und Cm. Da der Phasenübergang erster Ordnung ist, sollte ein Koexistenzbereich vorliegen [88]. Dieser Koexistenzbereich erstreckt sich über den gesamten rhomboedrischen Bereich und könnte somit die fehlende Beobachtung einer klaren Phasengrenze zwischen $R3m$ und Cm erklären. Der Anteil der monoklinen Phase nimmt mit x stetig zu und beträgt für $x = 0,40$ 40 %. Die rhomboedrische

---

[8]Die Parameter sind Tabelle B.1 zu entnehmen.
[9]Auslenkungs- und Korrelationsrichtung sind parallel.

2 Das System $PbZr_{1-x}Ti_xO_3$ und verwandte Materialien

Phase entspricht mit fehlender Oktaederverdrehung für diese Zusammensetzung der $R3m$ Phase. Wie verlässlich die Phasenanteile sind, ist schwierig zu beurteilen, da beide Strukturen ähnlich sind [87].

Die Domänenstruktur über den morphotropen Zusammensetzungsbereich wurde von Schmitt mittels TEM detailliert untersucht [3, 38]. Charakteristische Domänenkonfigurationen für die einzelnen Zusammensetzungen sind in Abbildung 2.11 [89] zu sehen. In der Umgebung der MPB sind Nanodomänen innerhalb der Mikrodomänen zu erkennen. Nanodomänen treten am häufigsten für Zusammensetzungen auf, deren Röntgendiffraktogramme sich am besten durch ein monoklines Strukturmodell beschreiben lassen. Nach einer quantitativen Auswertung der Bilder erreicht die Nanodomänenbreite ihr Maximum von etwa $30\,nm$ bei der Zusammensetzung 54/46. Nach beiden Seiten nimmt die Nanodomänenbreite ab. Für $x = 0,48$ wurde eine Nanodomänenbreite von $\approx 5\,nm$ beobachtet. Zur rhomboedrischen Seite hin fällt die Nanodomänenbreite schneller ab. Eine quantitative Auswertung ist für diese Seite der MPB aufgrund der stark unterschiedlichen Domänenkonfigurationen schwierig [38]. Die Ursache der Nanodomänenbildung bleibt ungeklärt. Jin et al. [90] schlagen als Ursache eine anormal kleine Domänenwandenergie γ vor. Aus der Abhängigkeit der typischen Domänenbreite λ_0 in Gleichung 2.2 von γ ist zu erkennen, dass in diesem Fall die Domänenbreite ebenfalls abnimmt [91].

$$\lambda_0 = \beta \sqrt{\frac{\gamma}{\mu\epsilon^2}D} \tag{2.2}$$

Dabei ist β eine dimensionslose Konstante, μ das Schermodul, ϵ die Zwillingsdehnung, die eine Domäne in die nächste transformiert und D die Breite der Polydomänenplatte, entsprechend der Mikrodomänenbreite. Eine miniariturisierte Domänenkonfiguration kann durch Kohärenzeffekte zu adaptiven Reflexen führen [35]. Diese Theorie wird in Abschnitt 2.4 näher beschrieben. Jedoch führt eine geringere Gitterverzerrung zu einer geringeren Zwillingsdehnung und diese, wie eine größere Mikrodomänenbreite, zu einer größeren Domänenbreite. Das Schermodul ist an polykristallinen Keramiken schwer zu bestimmen. Pandey et al. [86] detektierten aber eine Erweichung des Gitters in der Nähe des Phasenübergangs.

Die Probe mit der Zusammensetzung 54/46 zeigt noch ein interessantes Verhalten im in situ Röntgenbeugungsexperiment unter elektrischem Feld. Das Diffraktogramm der ungepolten, gealterten Probe weist einen dreifach aufgespaltenen {110}-Reflex auf (Abbildung 2.11 [89]). Nach 1000 Zyklen bei $4\,kV/mm$ ist der Reflex nur noch

2.3 Phasendiagramm

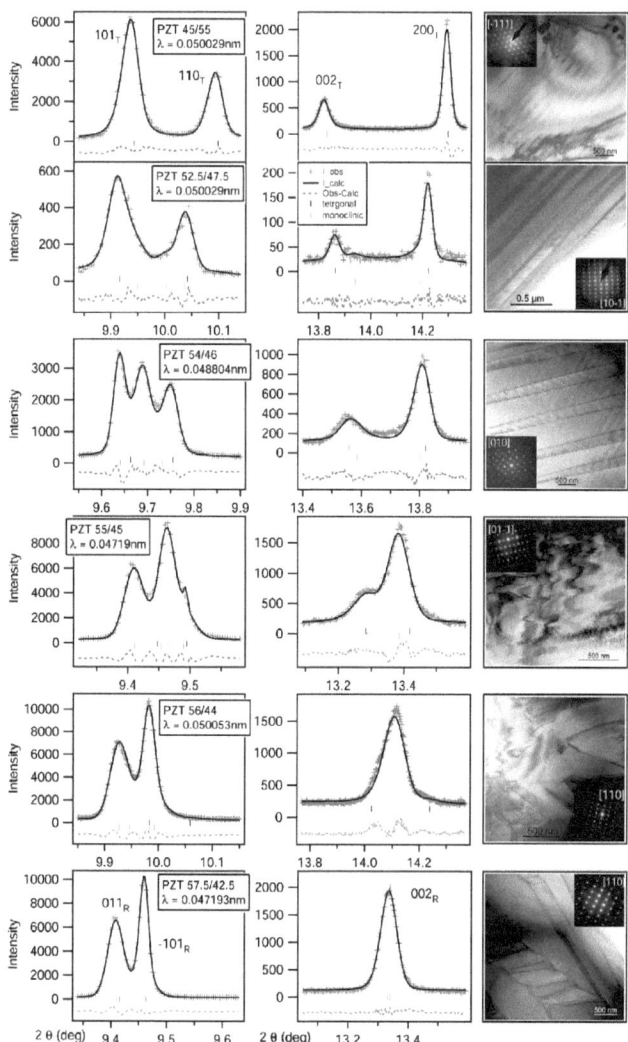

Abbildung 2.11: Die Zusammensetzungsabhängigkeit von „monoklinen" Reflexen in Röntgendiffraktogrammen und Nanodomänen in TEM-Aufnahmen [89].

2 Das System $PbZr_{1-x}Ti_xO_3$ und verwandte Materialien

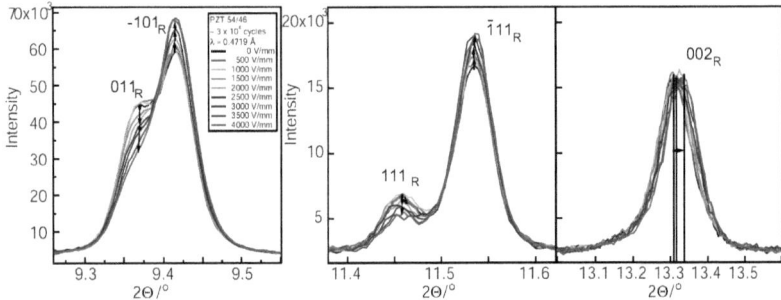

Abbildung 2.12: *In situ* Röntgendiffraktogramm der entalterten PZT 54/46 Probe unter elektrischem Feld. Das Schaltverhalten nach dem ersten Zyklus gleicht dem rhomboedrischer Proben [72].

zweifach aufgespalten (Abbildung 2.12). Der {100}-Reflex ist nicht aufgespalten, der {110}- und der {111}-Reflex sind zweifach aufgespalten, mit Intensitätsverhältnissen von etwa 1:1 bzw. 1:3. Dies ähnelt dem Diffraktogramm der ungepolten Probe PZT 56/44 in Abbildung 2.11. Somit scheint es im Röntgenbeugungsdiagramm, als ob der Phasenübergang $P4mm/Cm \to R3m$ durch Zyklieren unter elektrischem Feld induziert wurde. Im TEM konnte nur eine leichte Veränderung des Kontrastes innerhalb der Domänen beobachtet werden. Dies wurde als Reaktion der Nanodomänen auf das äußere Feld interpretiert [92].

Eine weitere mögliche Ursache für die Ausbildung innerer Domänen ist eine Symmetrieerniedrigung, wie sie mit dem Phasenübergang $P4mm \to Cm$ einhergeht. So untersuchten Asada und Koyama [15] die Domänenkonfiguration in morphotropen PZT Keramiken im TEM mittels Dunkelfeldabbildungen. Im Abschnitt 1.1 wurde erwähnt, dass für Elektronenbeugung das Friedelschen Gesetzes 1.1 nicht gilt, und so in Dunkelfeldabbildungen 180°-Domänen sichtbar werden [13]. Zur Kontrastentstehung reicht eine zum Beugungsvektor parallele Komponente aus.

In Abbildung 2.13 ist die von den Autoren als monoklin Typ I bezeichnete Domänenkonfiguration zu sehen, die in der Probe mit $x = 0,47$ beobachtet wurde. Entlang der Zonenachse $[\bar{1}10]$ betrachtet, sind lamellare Mikrodomänen mit geneigten Domänenwänden zu erkennen. Der Kontrast der δ-Streifen verläuft parallel zu $[11\bar{1}]$. Anhand dieses Kontrasts in den Dunkelfeldabbildungen mit den aufgespaltenen Reflexen 002_A und 002_B können die Mikrodomänen als „tetragonal" betrachtet werden

2.3 Phasendiagramm

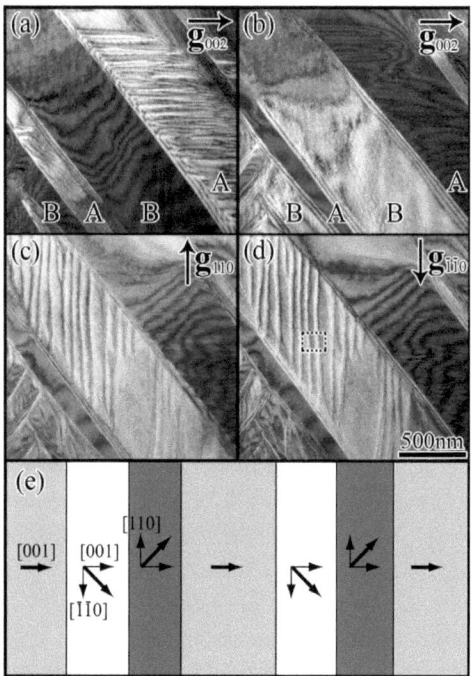

Abbildung 2.13: Dunkelfeldabbildung von Nanodomänen in PZT 53/47 [15]. Die Mikrodomänen wurden durch Abbildung mit den aufgespaltenen Reflexen als tetragonal identifiziert. Kontrast zwischen den Nanodomänen entsteht nur, wenn der Beugungsvektor parallel zur Domänenwand ist [15].

(vgl. Abbildung 2.13 (a) und (b)). Zusätzlich sind in diesen Aufnahmen in Domäne A Nanodomänen zu erkennen. Diese erzeugen δ-Streifen, was bedeutet, dass die Domänenwände gegenüber dem Strahl geneigt sind [23]. Die Verlaufrichtung ist [001], parallel zum Beugungsvektor. Damit unterscheidet sich die Polarisation in beiden Domänen in ihrer Komponente parallel zur Domänenwand. Deutlicher wird dies an den Nanodomänen in Domäne B. Diese Nanodomänenwände sind parallel zum Strahl (*edge on*) orientiert und damit eindeutig als (001)-Ebenen zu identifizieren. In Dunkelfeldabbildungen mit g_{110} (c) bzw. $g_{\bar{1}\bar{1}0}$ (d) zeigen diese einen deutlichen Kontrast.

39

2 Das System $PbZr_{1-x}Ti_xO_3$ und verwandte Materialien

Dies entspricht der Ausbildung von monoklinen Nanodomänen in einer tetragonalen Mikrodomäne. Die Autoren sehen auch noch Bereiche, die grau erscheinen und ordnen diesen eine Polarisation in [001] zu (e). Somit liegen bei Zimmertemperatur tetragonale und monokline Nanodomänen innerhalb einer Mikrodomäne vor. Die Komponente in [001] ist für alle Nanodomänen in B äquivalent, so dass sie in der entsprechenden Dunkelfeldabbildung keinen Kontrast zeigen. Im Heizexperiment verschwinden die Nanodomänen bei etwa 430 K, der Übergangstemperatur des Phasenübergangs $Cm \leftrightarrow P4mm$, und erscheinen beim Abkühlen wieder [15].

Die rhomboedrische Domänenkonfigurationen in der Probe mit $x = 0,42$ entsprechen den Modellen von 71°-, 109°- und 180°-Mikrodomänen[10]. Innerhalb dieser ist jedoch schon bei Zimmertemperatur ein grieseliger Kontrast, der eine von der Polarisationsrichtung der Mikrodomäne abhängige Vorzugsrichtung in <111> aufweist, die jedoch nicht parallel zur Polarisation P ist. Dieser Kontrast verstärkt sich mit steigender Temperatur und die vorher punktförmigen Bereiche vergrößern sich. Knapp unterhalb der *Curie*-Temperatur von 653 K verschwindet der Kontrast der Mikrodomänen und es ist nur der Kontrast durch Nanodomänen vorhanden. Die Autoren interpretieren dies mit einem Zerfall der rhomboedrischen Domäne in Bereiche mit antiparallelen <100> Komponenten. Auch dieser Übergang ist reversibel.

Ein ähnlicher Kontrast ist für die Domänenkonfiguration vom Typ II, in der monoklinen Probe mit der Zusammensetzung $x = 0,46$, zu beobachten. Dieser Kontrast soll von sphärischen Bereichen mit 10 nm Durchmesser stammen, die Polarisationen in [112], [121] und [211] besitzen. Entsprechend dem Modell von Glazer [62] soll sich so im Mittel eine Polarisation in [111] ergeben. Die einheitlichen Polarisationen sollen sich jedoch entlang $[\bar{1}\bar{1}1]$ ordnen.

Theoretische Ansätze

Auch theoretische Berechnungen zu monoklinen Phasen in Perowskiten wurden durchgeführt mit dem Ziel, die Ursache für die monokline Struktur zu erklären. So erweiterten Vanderbilt und Cohen die Devonshire Theorie bis auf die achte Ordnung mit P als Ordnungsparameter [76]. Damit sind Energieflächen mit 24 Minima zu beschreiben, die drei Arten von monoklinen Phasen ermöglichen.

- M_A: (Cm) Die Polarisation liegt in <uuv> mit $v > u$
- M_B: (Cm) Die Polarisation liegt in <uuv> mit $v < u$

---
[10] Asada und Koyama verwenden die Nomenklatur (110)=109° und (100) = 71°.

2.3 Phasendiagramm

- M_C: (Pm) Die Polarisation liegt in <0uv>

Diese Theorie sagt voraus, dass bei Vorhandensein eines Tripelpunktes zwischen T, M und R der Phasenübergang $T \to M$ zweiter Ordnung ist, die anderen erster. Somit kann die Polarisation kontinuierlich von [001] in die monokline Richtung [uuv] rotieren, der Übergang zu [111] ist aber diskontinuierlich. Dieser Rotationsmechanismus wird als Ursache für die hohen piezoelektrischen Koeffizienten betrachtet [73]. Mit einer Landau-Ginzburg-Devonshire Theorie sechster Ordnung kommen Rao *et al.* [93] aus. Da in PZT Ti und Zr komplett mischbar sind, sollten nach der Gibbschen Phasenregel Einphasengebiete durch Zweiphasengebiete getrennt sein [94]. An der Phasengrenze wird die kristalline Anisotropie jedoch gering und erlaubt somit eine Rotation der Polarisation mit geringen Energiebarrieren. Dadurch verringert sich auch die Domänenwandenergie [95] und könnte somit zur Miniaturisierung der Domänen führen [91] (vgl. Gleichung 2.2). Eine Minimierung der Gesamtenergie des Systems ergab eine nanoskalige Koexistenz tetragonaler (grün) und rhomboedrischer Phase (rot und blau in Abhängigkeit der z-Komponente). Das zweidimensionale Modell ist in Abbildung 2.14 dargestellt. So werden die elastostatische und elektrostatische Energie durch Brücken bildende Domänen der Minoritätsphase zwischen den Domänen der Majoritätsphase erniedrigt. Die Domänenwände in den zweidimensionalen Modellen liegen hauptsächlich in (250) und (350) Ebenen. Der Winkel zwischen den Polarisationen solcher Domänenwände zwischen tetragonaler und rhomboedrischer Phase beträgt dann 55° oder 125°. Ein ähnliches Modell hatte bereits Lucuta [96, 97] aufgrund der multiplen Aufpaltung von Reflexen in SAD-Beugungsbildern postuliert.

Ein anderer Ansatz das Mischsystem theoretisch zu beschreiben sind Superzellen. Bellaiche *et al.* [98, 99] berechneten die lokalen Moden *ab initio*. Dafür nahmen sie zwar ein Pseudopotential für das B-Kation an, ließen aber die Umgebung in die lokale Energie einfließen. Die Simulationen wurden für 50 K mit $12 \times 12 \times 12$ Superzellen berechnet. Die Zusammensetzung wurde von $x = 0,46$ bis $x = 0,51$ variiert. Die monokline Phase war im Bereich $0,475 < x < 0,49$ stabil. Ohne die Unordnung in der lokalen Energie wird dies nicht erreicht. Durch die Unordnung fluktuieren die Polarisationsvektoren in allen drei Phasen in Betrag und Richtung um die entsprechenden Pole [001], [uuv] und [111] (vgl. Abbildung 2.15). Dies unterscheidet sich von der Idee, die monokline Phase entstünde durch Ordnung einzelner schon in der tetragonalen und rhomboedrischen Phase vorhandenen monoklinen Polarisationen. Mit Dichte-Funktional-Theorie (DFT) berechnen Grinberg *et al.* [100] $4 \times 2 \times 1$ und

2 Das System $PbZr_{1-x}Ti_xO_3$ und verwandte Materialien

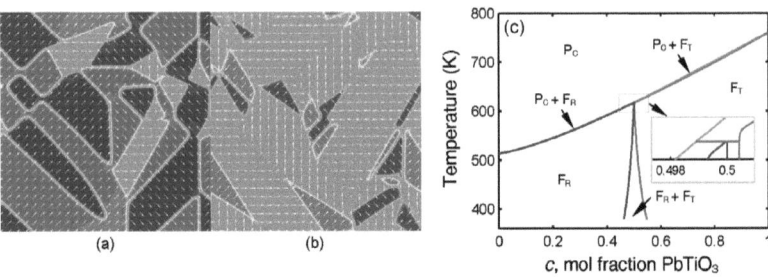

Abbildung 2.14: 2D-Simulation [93] mit (a) Domänen der tetragonalen Minoritätsphase zwischen rhomboedrischen Domänen für $x = 0,49$ (b) für $x = 0,5$ sind die Verhältnisse umgekehrt (c) berechnetes Phasendiagramm [94] mit Koexistenzbereichen.

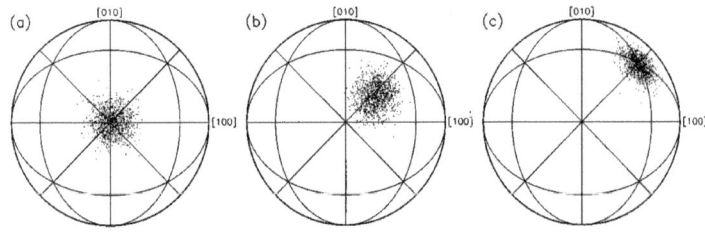

Abbildung 2.15: Von Bellaiche et al. [99] berechnete Orientierungen der lokalen ferroelektrischen Auslenkungen in PZT bei 50 K für (a) $x = 0,5$ (b)$x = 0,482$ and (c) $x = 0,47$

$3 \times 2 \times 1$ Superzellen mit den Zusammensetzungen 50/50, 67/33 und 33/67 bei fixen Gitterkonstanten. Die Anordnung der B-Kationen wurde dabei vollständig permutiert. Die Atompositionen wurden in dem Sinne relaxiert, dass die Valenzsumme sich den idealen Werten von 2 (Pb und O) bzw. 4 (Zr/Ti) nähert. Unrelaxiert in der hochsymmetrischen Struktur ist Ti mit 3,66 ungesättigt Zr mit 4,4 übersättigt. Dies wird zum einen durch das Volumen der ZrO_6- und TiO_6-Oktaeder mit 68-72 Å^3 bzw. 62,5-66,5 Å^3 ausgeglichen. Zudem entsteht eine kurze Ti-O Bindung mit kovalentem Charakter, während Zr eher zwei oder drei Zr-O Bindungen ausbildet. Es werden jedoch beide B-Kationen zwischen 0,2 und 0,3 Å ausgelenkt, wobei die Zr-Auslenkung

2.3 Phasendiagramm

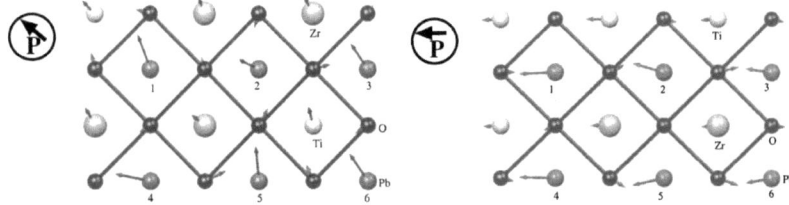

Abbildung 2.16: (links) In der Zr-reichen Superzelle sind die Auslenkungen insbesondere des Pb ungeordnet, mit einer gemittelten Polarisation in $[\bar{1}11]$. (rechts) In der Ti-reichen liegt die Gesamtpolarisation in $[\bar{1}00]$ und die Abweichungen von dieser Richtung sind gering.

mit dem Ti-Gehalt zunimmt (im Widerspruch zu Corker [56] und Dmowski [43]). Pb wird mit 0,45 Å noch stärker ausgelenkt, um im Pb-O_{12}-Polyeder die Valenz von 2 zu erreichen. Diese Auslenkung ist aber weniger gerichtet. So verbreitern sich die Peaks der partiellen Pb-O PDF stark in der Zr-reichen Superzelle, während für die Ti-reiche Superzelle eine deutliche Aufspaltung in kurze, mittlere und lange Bindungen ähnlich zum $PbTiO_3$ erkennbar ist. Grund hierfür ist der Bruch der Symmetrie in der zweiten Schale der Pb-Umgebung. Die partielle Pb-Zr und Pb-Ti PDF zeigen einen deutlichen Unterschied. Pb versucht durch abweichende Auslenkungen kurze Pb-Zr Abstände zu vermeiden. Dies steht in Konkurrenz zur Dipol-Dipol Wechselwirkung, die eine gleichmäßige Auslenkung bevorzugt. Aus diesem Grund sind die ferroelektrischen Pb-Auslenkungen ungeordnet und ergeben eine mittlere Polarisation in [111]-Richtung. Mit steigendem Ti-Gehalt nimmt dieser Konflikt ab und die Auslenkungen liegen nahezu parallel zu $[\bar{1}00]$. In der 50/50 Zusammensetzung können nicht alle Dipole in $[\bar{1}00]$ ausgerichtet sein und so entsteht eine monokline Polarisation zwischen [111] und [001].

Die allgemeinen Trends in Abhängigkeit der Zusammensetzung, auch die Oktaederverdrehung, werden gut reproduziert. Deutlich wird der Einfluß der lokalen Umgebung dargestellt. Die Ergebnisse sind in Übereinstimmung mit Bellaiche et al. [98], die auch um die einzelnen Pole gestreute Polarisationen erhalten. Zudem stimmen die Ergebnisse mit den Beobachtungen von Dmowski et al. [43] überein, die für Ti-reiches PZT eine Pb Auslenkung in <001> und für Zr-reiches PZT eine Pb Auslenkung in <110> finden. Im Bereich der morphotropen Phasengrenze herrscht die

2 Das System $PbZr_{1-x}Ti_xO_3$ und verwandte Materialien

größte Unordnung.

2.4 Adaptive Phase

Der Großteil der zitierten Resultate wurden mit Röntgen- oder Neutronenbeugung erzielt. Für diese ist die Kohärenzlänge von ungefähr 100 nm zu beachten. Liegt die Breite der Nanodomänen unterhalb dieses Werts, können an zwei verschiedenen Nanodomänen gestreute Wellen interferieren. So entstehen Reflexe der „adaptiven" Superzelle benachbarter Nanodomänen [35, 101]. Basierend auf der martensitischen Theorie, formulierten Jin et al. [91, 90] die Theorie für adaptive ferroelektrische Phasen über den Dehnungstensor. Die Gitterparameter der adaptiven Phase erhält man aus den, entsprechend ihres Volumenanteils, addierten Dehnungstensoren der beiden Domänen.

Die Überstrukturreflexe besitzen nur Intensität, wenn sie in der Nähe der Hauptreflexe liegen. Kohärenz entsteht, wenn die aufgespaltenen Reflexe der Individuen überlappen. Dafür muss die Aufspaltung klein und die Reflexbreite groß sein. Das bedeutet die Verzerrung des Gitters muss klein sein, ebenso die Domänenbreite. Dann gewinnt der Überstrukturreflex durch konstruktive Interferenz an Intensität, die Reflexe der einzelnen Domänen verlieren durch destruktive Interferenz an Intensität. Dies ist in Abbildung 2.17 (b) dargestellt [35]. Die Position dieses Reflexes hängt über das Hebelgesetz von den Phasenanteilen ω und $(1-\omega)$ der beiden Varianten ab. Liegen in der Probe Bereiche mit und ohne Nanodomänen vor, überlagert sich der adaptive Reflex inkohärent mit den Reflexen der großen Domänen aus Abbildung 2.17 (a). Das Resultat ist in Abbildung 2.17 (c) dargestellt. Dieses Triplett kann fälschlicherweise als ein aufgrund von monokliner Metrik dreifach aufgespaltener Reflex interpretiert werden.

2.4.1 Adaptive Phase vom Typ M_C

Eine adaptive Phase vom Typ M_C wird durch tetragonale 90°-Domänen hervorgerufen, aus denen sich die (Sub-) oder Mikrodomäne zusammensetzt. Der Dehnungstensor der Mikrodomäne setzt sich aus den Dehnungstensoren der beiden Domänen zusammen (vgl. Gleichung 2.3) [91]. Dabei sind $\epsilon_1 < 1$ und $\epsilon_3 > 1$ die tetragonalen

2.4 Adaptive Phase

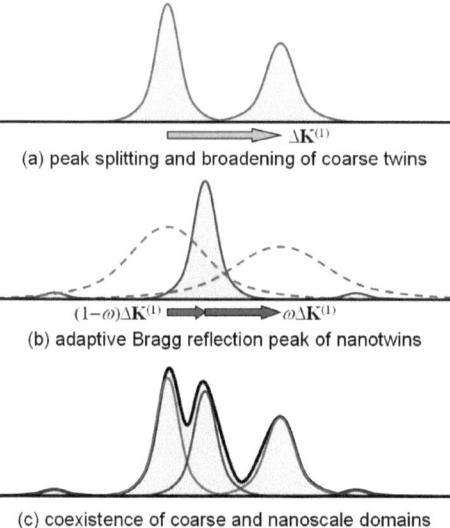

Abbildung 2.17: (a) Aufgespaltenes Reflexpaar durch Zwillingsbildung (b) Bei geringer Verzerrung und Domänenbreite überlappen die Reflexe der einzelnen Domänen. Es entsteht ein adaptiver Reflex und die ursprünglichen Reflexe verlieren durch destruktive Interferenz an Intensität. (c) Inkohärente Überlagerung von (a) und (b). [35]

Verzerrungskomponenten.

$$\langle \epsilon(\omega) \rangle = \begin{bmatrix} \epsilon_1 + (\epsilon_3 - \epsilon_1)\omega & 0 & 0 \\ 0 & \epsilon_1 - (\epsilon_3 - \epsilon_1)\omega & 0 \\ 0 & 0 & \epsilon_1 \end{bmatrix} \quad (2.3)$$

Dies ergibt eine orthorhombische Verzerrung mit den Gitterparametern der adaptiven Phase:

$$a_{ad} = a_t + (c_t - a_t)\omega, \quad b_{ad} = c_t - (c_t - a_t)\omega \quad und \quad c_{ad} = a_t \quad (2.4)$$

Der monokline Winkel β entsteht durch die Abweichung von 90° durch das $\frac{c}{a}$-Verhältnis.
Im Domänenmodell (vgl. Abbildung 2.18) lässt sich dies anschaulich darstellen. Die

2 Das System PbZr$_{1-x}$Ti$_x$O$_3$ und verwandte Materialien

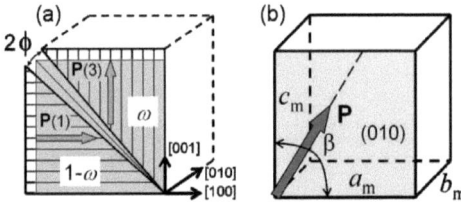

Abbildung 2.18: (a) Modell für tetragonale Nanodomänen (b) Die resultierende Polarisation der gemittelten Struktur liegt in der (010)-Ebene [102].

90°-Domänenwand liegt in (101). Diese transformiert die Polarization $P_1 = P_t[001]$ von Domäne 1 in $P_2 = P_t[100]$. Die resultierende Polarisation liegt dann in [u0v] entsprechend einer M$_C$-Phase. Die monokline Achse b_m ist identisch mit [010] der gemeinsamen Achse beider Domänen und unterliegt nicht der adaptiven Reflektion. (010) ist gemeinsame Spiegelebene beider Domänen und somit auch der M$_C$-Phase. Die Rotation der Polarisation in der (010) Ebene kann somit über den Phasenanteil ω erklärt werden.

Die Beziehungen der Gitterparameter nach Gleichung 2.4 lassen sich auf die experimentell bestimmten [103] der M$_C$ Phase von PMN-PT [(1-x)Pb(Mg$_{1/3}$Nb$_{2/3}$)O$_3$-xPbTiO$_3$] anwenden. PMN-PT ist ebenfalls ein Pb-haltiger Perowskit mit ferroelektrischen Eigenschaften. Im Phasendiagramm existiert ebenfalls eine morphotrope Phasengrenze, die die tetragonale von der rhomboedrischen Phase trennt. Ähnlich zu PZT wurden im Bereich der MPB aufgrund von Röntgenbeugung erst eine monokline Phase vom Typ M$_C$ und dann noch eine weitere vom Typ M$_B$ vorgeschlagen [103, 104].

TEM Untersuchungen an einem [001]-orientiertem Einkristall der M$_C$ Phase[11] zeigten eine hierarchische Domänenkonfiguration bestehend aus Nano-, Submikro- und Mikrodomänen, mit Breiten von $10\,nm$, $50 - 200\,nm$ sowie einigen μm [105]. Diese sind in Abbildung 2.19 zu sehen. Die Nanodomänen besitzen Wände in {110}-Ebenen, die Submikrodomänenwände liegen nahezu in {100}-Ebenen. Die Mikrodomänen mit Symmetrie Pm mit einigen μm Breite sind auf den TEM-Aufnahmen nicht zu sehen, wurden aber mit dem Polarisationsmikroskop beobachtet [106].

---
[11]Die nominelle Zusammensetzung ist $x = 0,35$ und die aufgrund der *Curie*-Temperatur abgeschätzte $x = 0,33$.

2.4 Adaptive Phase

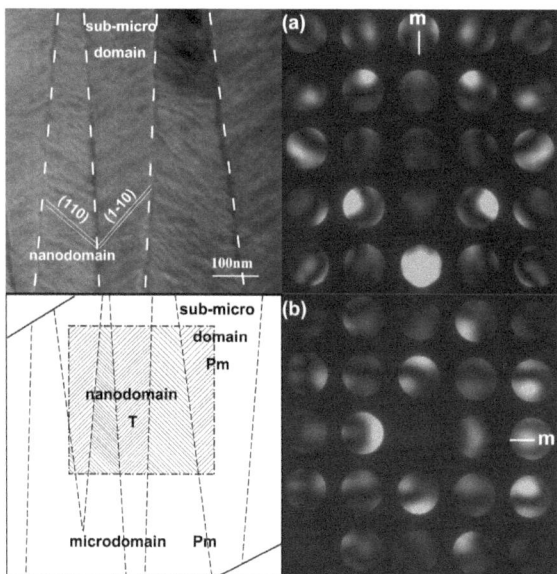

Abbildung 2.19: Hierarchische Domänenstruktur in PMN-0,33PT [105]. Die Submikrodomänen mit Wänden in $\{100\}$ bestehen aus Nanodomänen mit Wänden in $\{110\}$-Ebenen. Die konvergenten Beugungsbilder zweier benachbarter Nanodomänen enthalten um $90°$ gegeneinander verdrehte $\{100\}$-Spiegelebenen.

Konvergente Beugung an einzelnen Nanodomänen mit einem Strahldurchmesser von 2,4 nm ergab eine $\{100\}$-Spiegelebene in beiden Domänen. Diese Spiegelebene rotiert um $90°$ zwischen benachbarten Nanodomänen innerhalb einer Sub-Mikrodomäne. Daraus schlossen die Autoren auf tetragonale $90°$-Nanodomänen, die nach der Theorie der adaptiven Phase [91, 102] eine monokline Struktur der Subdomäne, vom Typ M_C, ergeben. Tatsächlich liegen die Sub-Mikrodomänen mit $\geq 100\,nm$ im bzw. knapp oberhalb der Kohärenzlänge von Röntgenstrahlung, und die Nanodomänen weit darunter. Jedoch ist anzumerken, dass die M_C-Phase auch eine $\{100\}$-Spiegelebene besitzt und somit eine eindeutige Unterscheidung von der tetragonalen Symmetrie anhand dieser nicht möglich ist. Auch monokline $\{110\}$-Domänenwände, für die in beiden Domänen die Spiegelebene parallel zum Strahl orientiert ist, sind

2.4.2 Adaptive Phase vom Typ M$_B$

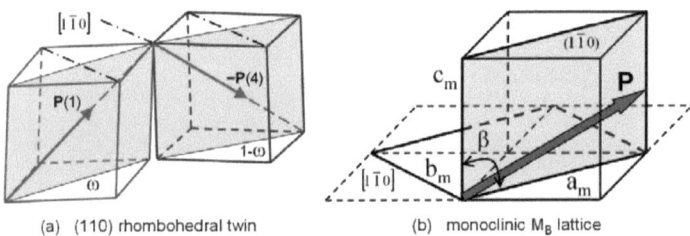

(a) (110) rhombohedral twin   (b) monoclinic M$_B$ lattice

Abbildung 2.20: (a) Modell für rhomboedrische 71° Nanodomänen. (b) Die resultierende Polarisation liegt in <uuv> mit v < u (entsprechend M$_B$) [35].

Auch die rhomboedrische Verzerrung lässt sich über einen Tensor $\hat{A}$ darstellen.

$$\hat{A} = \frac{a_r}{3a_c} \begin{bmatrix} \alpha_1 & \alpha_2 & \alpha_2 \\ \alpha_2 & \alpha_1 & \alpha_2 \\ \alpha_2 & \alpha_2 & \alpha_1 \end{bmatrix} \quad (2.5)$$

Mit

$$\alpha_1 = \theta_1 + 2\theta_2, \quad \alpha_2 = \theta_1 - \theta_2, \quad \theta_1 = \sqrt{1 + 2\cos\alpha} \quad und \quad \theta_2 = \sqrt{1 - \cos\alpha} \quad (2.6)$$

Den Dehnungstensor der zweiten Variante erhält man durch Multiplikation mit dem entsprechenden kubischen Symmetrieelement. Rhomboedrische 71°-Domänenwände liegen in {110}-Ebenen. Zwillingsoperation ist auch hier eine zweizählige Rotation um die Domänenwandnormale. Da zuerst die Zwillingsoperation durchgeführt wird und anschließend die Verzerrung, entsteht zwischen den Domänen ein Spalt mit dem Öffnungswinkel $2\phi \approx \sqrt{2}\cos\alpha$, der durch eine Rotation um $[1\bar{1}0]_r$ geschlossen werden muss. Dadurch sind die (001)-Ebenen gegeneinander verkippt und alle Reflexe mit $l \neq 0$ spalten in [110] auf. Damit diese überlappen, muss

$$t < \frac{a_r}{|l|\sqrt{2}\cos\alpha} \quad (2.7)$$

2.4 Adaptive Phase

sein. Mit Gitterkonstanten der rhomboedrischen Phase von PZT, $\alpha = 89{,}7°$, $a_r = 4{,}08\,\text{Å}$, ergibt das für den 002 Reflex eine Dicke t der Domänen $< 27{,}5\,nm$. Die Gitterparameter der adaptiven Phase, gewöhnlicherweise aus $(hh0)$, $(\bar{h}h0)$ und $(00l)$ Reflexen bestimmt, ergeben sich zu:

$$a_m \approx \sqrt{2}a_r\sqrt{1+\cos\alpha} \quad b_m = \sqrt{2}a_r\sqrt{1-\cos\alpha} \quad c_m \approx a_r \quad (2.8)$$

Nur c_m wird geringfügig durch den Phasenanteil ω beeinflusst. Die monokline b_m-Achse entspricht der rhomboedrischen $[1\bar{1}0]$-Richtung und wird durch die Nanodomänen nicht beeinflusst. $(\bar{1}10)$ ist gemeinsame Spiegelebene beider Domänen. Die Polarisation $P_1 = \frac{P_r}{\sqrt{3}}[111]$ wird durch die Zwillingsoperation zu $P_2 = \frac{P_r}{\sqrt{3}}[11\bar{1}]$. Die gemittelte Polarisation ist dann $P = \frac{P_r}{\sqrt{3}} \cdot [1, 1, 2\omega - 1]$. Da ω im Bereich $0 < \omega < 1$ liegt, bleibt $P_z < P_x = P_y$ entsprechend einer M_B-Phase. Diese M_B-Phase wird in PMN-PT Einkristallen, gepolt in [110]-Richtung, beobachtet [107]. Die adaptive Theorie liefert eine gute Erklärung für diese Beobachtung.

An einem PMN-0,32PT Einkristall beobachteten H. Wang et al. [65] dann die in Abbildung 2.21 dargestellte Domänenkonfiguration. Auch hier liegen die Sub-Mikrodomänenwände wieder in {100}-Ebenen. Die Breite der Sub-Mikrodomänen liegt im Bereich von 50 bis 300 nm. Die Nanodomänen besitzen eine Breite von etwa 10 nm und sind durch Wände in {110}-Ebenen getrennt. Das konvergente Beugungsbild einer Nanodomäne zeigt eine {110}-Spiegelebene senkrecht zu den Nanodomänenwänden. Diese Spiegelebene existiert sowohl in der rhomboedrischen als auch in der monoklinen Struktur vom Typ M_B. Mit beiden Strukturmodellen wurden hochauflösende TEM-Bilder (HRTEM) simuliert und mit einer experimentellen Defokus-Serie verglichen. Die größeren Übereinstimmungen wurden für das rhomboedrische Strukturmodell gefunden. Damit entspricht die Beobachtung dem von Y. U. Wang [101] aufgestellten Modell für eine adaptive Phase vom Typ M_B.

2.4.3 Adaptive Phase vom Typ M_A

Nach der adaptiven Theorie rufen rhomboedrische 109°-Nanodomänen Reflexe einer monoklinen Phase vom Typ M_A hervor. Die Nanodomänenwände liegen in {100}-Ebenen. Die zugehörige Zwillingsoperation ist wieder eine zweizählige Rotation um die Domänenwandnormale. Bei einer Wand in (001) wird $P_1 = \frac{P_r}{\sqrt{3}}[111]$ zu $P_2 = \frac{P_r}{\sqrt{3}}[\bar{1}\bar{1}1]$ transformiert, womit die gesamte Polarisation in $P = \frac{P_r}{\sqrt{3}}[2\omega - 1, 2\omega - 1, 1]$ liegt. Dies entspricht $<uuv>$ mit $v > u$ entsprechend M_A. Auch hier bleibt eine

2 Das System $PbZr_{1-x}Ti_xO_3$ und verwandte Materialien

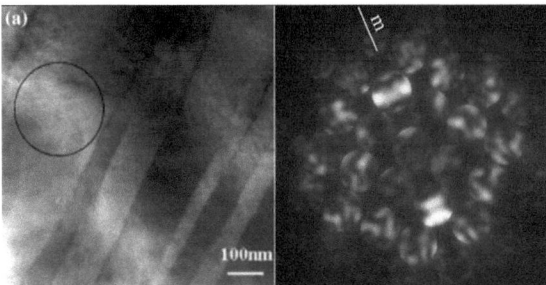

Abbildung 2.21: Hierarchische Domänenstruktur in PMN-0,32PT [65]. Nanodomänen mit Wänden in {110}-Ebenen sind in Submikrodomänen mit Wänden in {100} sehen. Das konvergente Beugungsbild zeigt eine {110}-Spiegelebene senkrecht zu den Nanodomänenwänden.

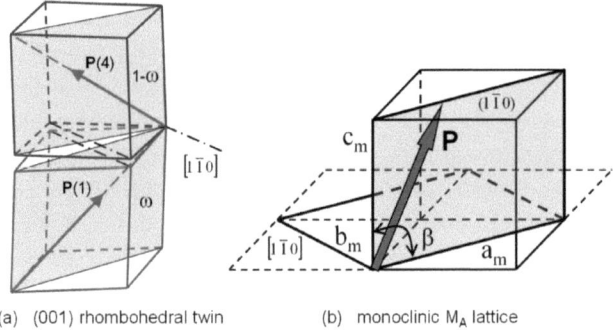

Abbildung 2.22: (a) Modell für rhomboedrische 109° Nanodomänen. (b) Die über beide Domänen gemittelte Struktur ist monoklin vom Typ M_A [35].

gemeinsame Spiegelebene für beide Domänen in (110) senkrecht zur Domänenwand erhalten.
Somit liegt die monokline Achse b_m auch hier in $[1\bar{1}0]$ und die Gitterparameter der adaptiven Phase entsprechen denen aus Gleichung 2.8. Diesmal hängt jedoch a_m vom Phasenanteil ω ab. Der Spalt zwischen den Domänen muss ebenfalls durch eine Rotation von $2\phi \approx \sqrt{2}\cos\alpha$ um b_m geschlossen werden. Da die (001)-Ebenen in

beiden Domänen parallel sind, spalten die hk0 Reflexe in [110] auf. Die Bedingung für kohärente Streuung für diesen Zwillingstyp ist:

$$t < \frac{a_r}{\cos\alpha |h+k|} \tag{2.9}$$

Das ergibt mit $\alpha = 89,7°$, $a_r = 4,08\,\text{Å}$ und für den 220 Reflex eine Dicke t der Domänen $< 20\,nm$.

Die von Asada und Koyama [15] beobachteten Nanodomänen Typ I in PZT 47/53 könnten auch als experimentelle Beobachtung von 109°-Nanodomänen interpretiert werden, die zu adaptiven Reflexen vom Typ M_A führen. Es wurden jedoch keine konvergenten Beugungsbilder aufgenommen. Eine Quantifizierung der <110> Komponente der Polarisation aus den Bildern ist nicht möglich.

2.5 Fragestellung

In diesem Kapitel wurden verschiedene Modelle in Bezug auf die lokale Symmetrie, die Symmetrie einzelner Domänen und die mittlere Symmetrie vorgestellt. Grundsätzliche Unterschiede der Ansätze werden hier noch einmal kurz zusammengefasst.

- Die adaptive Theorie [35] setzt voraus, dass die Symmetrie einzelner Nanodomänen höher ist als die gemittelte Symmetrie in den Mikrodomänen.

- Die Theorie von Glazer *et al.* [62] sieht die monokline Struktur als geordnet vor. Vor allem die rhomboedrische Phase besteht demnach aus „Domänen" mit monokliner Symmetrie.

- Nach den theoretischen Berechnungen von Bellaiche *et al.* [98] und Grinberg *et al.* [100] unterliegen die lokalen Auslenkungen keiner Symmetrie, nur die gemittelte Polarisation lässt sich durch $R3m$, Cm und $P4mm$ beschreiben. Nach Grinberg zeigt die tetragonale Phase Tendenz zu geordneten Auslenkungen. Für monokline und die rhomboedrische Zusammensetzungen nimmt die Ordnung stark ab.

In dieser Arbeit sollen PZT-Keramiken mit konvergenter Elektronenbeugung untersucht werden, um die oben aufgeführten Modelle zu bestätigen oder zu widerlegen. Immer wieder wurde in Veröffentlichungen von TEM-Untersuchungen die Aufspaltung von ZOLZ-Reflexen durch Domänen in SAD Beugungsbildern erwähnt. Die

2 Das System $PbZr_{1-x}Ti_xO_3$ und verwandte Materialien

detaillierte Beschreibung beschränkt sich auf <100>-Beugungsbilder von tetragonalem $BaTiO_3$ [13, 70]. Ansonsten wird nur von einer Aufspaltung senkrecht zur Domänenwand gesprochen [58]. Teilweise beziehen sich Autoren auch auf die Reflexaufspaltung für eine Unterscheidung der tetragonalen und der rhomboedrischen Phase [97, 108]. Eine detaillierte Beschreibung fehlt jedoch. Deshalb soll in dieser Arbeit geklärt werden, inwieweit die Reflexaufspaltung in SAD-Bildern geeignet ist, die verschiedenen Phasen voneinander zu unterscheiden. Zudem werden von Noheda et al. [1] und Glazer et al. [62] keine konkreten Formen der monoklinen Domänen genannt. Aus diesem Grund werden Domänenmodelle aufgestellt, die sich aus der Gruppe-Untergruppe Beziehung ergeben.

Teil II

Experimentelles

3 Experimentelle Durchführung

Dieses Kapitel schildert die Durchführung der einzelnen Schritte von der Materialsynthese bis zur Auswertung. Die Materialsynthese wurde extern durch Herrn Hans Kungl in der Arbeitsgruppe von Prof. Hoffmann am Institut für Keramik im Maschinenbau der Universität Karlsruhe durchgeführt. Die Präparation von TEM-Proben erfolgte durch verschiedene Techniken an der Technischen Universität Darmstadt und der Tohoku Universität in Sendai Japan. An beiden Universitäten wurden auch die TEM-Experimente durchgeführt. Für die Simulation von konvergenten Beugungsbildern ist ein PC ausreichend. Die Verfeinerung von Strukturparametern erfordert mehr Rechenleistung und erfolgte an PC-Clustern des Terauchi-Labs der Tohoku Universität in Sendai, Japan. Die Startwerte für die Verfeinerung wurden mittels Röntgen- und Neutronenpulverdiffraktometrie von Herrn Manuel Hinterstein bestimmt.

3.1 Probenmaterial

Die Herstellung des Probenmaterials erfolgte über die Mischoxidroute. Eine genauere Beschreibung geben Hammer *et al.* [109]. Dafür wurden PbO, ZrO_2 und TiO_2 stöchiometrisch gemischt und mit ZrO_2 Kugeln unter Zugabe von Isopropanol gemahlen. Das homogenisierte Pulver wurde bei $850\,°C$ in Al_2O_3-Tiegeln kalziniert. Anschließend wurde das kalzinierte Pulver uniaxial mit einem Druck von $17,7\,MPa$ zu Pellets mit einem Durchmesser von $12\,mm$ gepresst. Diese wurden kalt-isostatisch unter einem Druck von $400\,MPa$ nachverdichtet und für 6 Stunden bei $1050\,°C$ gesintert. Die Heizrate betrug dabei $2\,°C/min$.

3.2 TEM-Probenpräparation

Aufgrund der Zielsetzung, die Domänenstruktur innerhalb von PZT-Keramiken zu untersuchen, und um die Vergleichbarkeit mit Röntgenuntersuchungen an ganzen

3 Experimentelle Durchführung

Pellets [72] zu gewährleisten, wurde beschlossen ionengeätzte Festkörperproben herzustellen. Das Präparationsverfahren für „gedimpelte" Proben wurde schon in [38] beschrieben und wird hier nur kurz zusammengefasst. Zusätzlich wurde mit dem *Ion Slicer*® noch eine weitere Präparationsmethode angewandt, die etwas ausführlicher geschildert wird. Nur für PbTiO$_3$ wurden Pulverproben verwendet, da der Sinterkörper aufgrund der starken tetragonalen Verzerrung nicht stabil war. Das Material wurde im Achat Mörser zerkleinert, in Ethanol dispergiert und einige Tropfen mit einer Pinzette auf ein TEM-Netz mit porösem Kohlenstofffilm aufgebracht, bis eine ausreichende Anzahl an Partikeln unter dem Stereomikroskop zu erkennen war.

3.2.1 Ionengeätzte Proben

Von den gesinterten Zylindern wurden Scheiben einer Dicke von 500 bis 1000 μm mit einer Diamant-Trennscheibe oder einer Diamant-Drahtsäge abgeschnitten. Diese wurden auf 100 bis 150 μm geschliffen und beidseitig mit 3 μm Diamantpaste poliert. Aus den polierten Scheiben wurden mittels Ultraschallbohrer die für das TEM verwendeten Proben mit 3 mm Durchmesser gefertigt.

Selbsttragende Proben Mit dem Muldenschleifgerät („Dimpler") der Firma Gatan wurde die Probendicke in der Mitte auf 15 bis 20 μm reduziert. Dazu wurde ebenfalls Diamantpaste mit 3 μm Körnung verwendet. Durch dieses Vorgehen bleibt am Rand der Scheiben die ursprüngliche Dicke erhalten, was den Proben mechanische Stabilität gibt. In der Mitte ist die Probe dünn genug, um sie durch Ionenätzen elektronentransparent zu machen. Die Dünnung erfolgte beidseitig in einer BALTEC RES 010 Ionenätzanlage. Anfangs wurde unter einem Winkel von 12,5° und bei einer Beschleunigungsspannung von 4, 5 kV und einem Strom von 1, 8 mA gedünnt. Gegen Ende wurde die Beschleunigungsspannung auf 3, 5 kV verringert und eine Gegenspannung angelegt, um einen geringeren Winkel zu erreichen, mit dem die Ar-Ionen auf die Probe treffen. Dadurch wird die Dicke der geschädigten Schicht an der Oberfläche möglichst gering gehalten. Teilweise wurden die Proben mit Kohlenstoff bedampft, um ein Aufladen der Proben unter dem Elektronenstrahl zu verhindern. Diese Beschichtung kann sich jedoch negativ auf konvergente Beugungsbilder auswirken, da sich unter dem Strahl Kohlenstoff-Kontaminationen bilden können. Aus diesem Grunde wurden einige Experimente mit unbedampften Proben durchgeführt.

3.2 TEM-Probenpräparation

Dünnschliffe Alternativ wurden die Scheiben mit dem Durchmesser von $3\,mm$ bzw. kleinere Bruchstücke weiter herunter geschliffen und poliert, so dass ihre Dicke weniger als $20\,\mu m$ betrug. Diese wurden auf Kupfernetze aufgeklebt und anschließend, wie oben beschrieben, ionengeätzt.

Ion Slicer® An der Tohoku Universität in Sendai wurde eine weitere Präparationsmethode, der *Ion Slicer®* [110], verwendet. Dieses Gerät basiert ebenfalls auf dem Ätzen mittels Ar^+-Ionenstrahl und beinhaltet zusätzlich Elemente der mittlerweile verbreiteten Präparationstechnik mittels *Focused Ion Beam* (FIB). Eine schematische Darstellung des Dünnungsprozesses ist in Abbildung 3.1 [110] zu sehen. Dafür

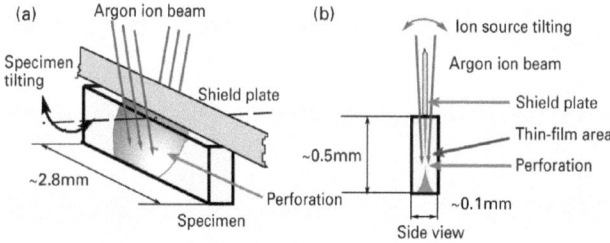

Abbildung 3.1: Schematische Darstellung des Dünnungsprozesses im *Ion Slicer®* [110].

werden Proben mit den Maßen $2,5\,mm \times 0,5\,mm \times 0,1\,mm$ benötigt, die mittels Drahtsäge und Dünnschleifen aus dem Material präpariert werden. Diese werden auf einen Molybdän C-Ring geklebt. Im ersten Arbeitsschritt trifft der mit $6\,kV$ beschleunigte und fokussierte Ionenstrahl auf die $100\,\mu m$ hohe Fläche der Probe. Diese Seite wird dabei mittig durch ein dünnes Stahlband geschützt und der Strahl pendelt zwischen $\pm 6°$. Gleichzeitig pendelt die Probe senkrecht zum Strahl um $\pm 30°$, so dass beidseitig ein keilförmiger Bereich abgetragen wird. Es entsteht ein dünner perforierter Bereich hinter der geschützten Kante. Zum Abschluss erfolgt noch ein kurzer zweiter Arbeitsschritt. Bei einer kleineren Beschleunigungsspannung um die $2\,kV$ und kleinerem Einfallswinkel von etwa $\pm 2°$ wird noch für wenige Minuten gedünnt, um die geschädigte Oberflächenschicht zu entfernen. Auf diese Weise wurden zusätzliche Proben mit den Zusammensetzungen 60/40, 55/45, 54/46 und 52/48 präpariert.

3 Experimentelle Durchführung

Das Gerät bietet noch eine zweite Möglichkeit, die nur für die Zusammensetzung 55/45 ausprobiert wurde. Ein etwa 0,5 mm dickes Probenstück wurde auf Silizium aufgeklebt und daraus eine Probe mit den Maßen $2,5\,mm \times 0,5\,mm \times 0,1\,mm$ präpariert. Dann wurden mit $6\,kV$ und einem Einstrahlwinkel von $\pm 2°$ ausgehend von der PZT-Kante beidseitig durchgehende Täler entfernt. Anschließend wurde die Probe um 180° gedreht und weiter mit pendelndem Strahl gedünnt, so dass eine keilförmige PZT-Kante entstand. Auch hier wurde mit geringer Beschleunigungsspannung nachgedünnt.

3.3 TEM-Untersuchungen

Die Experimente wurden an mehreren Mikroskopen durchgeführt. Drei davon, das Philips CM12, das CM20 sowie das JEOL 3010, befinden sich am Institut für Materialwissenschaften der Technischen Universität Darmstadt. Die anderen beiden, JEOL 2010 und JEOL 2010FEF [111], gehören zum Terauchi Laboratory an der Tohoku Universität Sendai, Japan. Die Mikroskope sind mit den verwendeten Parametern in Tabelle 3.1 aufgelistet. Sofern mehrere Beschleunigungsspannungen an-

Mikroskop	HT [kV]	*spot size* [nm]	Kathode	E-filter	Medium
Philips CM12	120	20	LaB_6	-	Film
Philips CM20	80;200	12,5	LaB_6	-	Film
JEOL 3010	100;300	2;5;**10**	LaB_6	(GIF)	Film
JEOL 2010	100;200	2;5;**10**	LaB_6	-	Film/IP
JEOL 2010FEF	100	0,5;1	FEG	Ω	IP

Tabelle 3.1: In dieser Arbeit verwendete Mikroskope. Wenn verschiedene Parameter verwendet wurden, sind diese durch Semikolon getrennt dargestellt.

gegeben sind, wurde in der Regel für Abbildungen die höhere und für konvergente Beugung die geringere verwendet. Ausnahmen bilden Doppelbelichtungsaufnahmen zur Dokumentation der Strahlposition für die konvergenten Beugungsbilder, die mit derselben Beschleunigungsspannung wie das Beugungsbild aufgenommen wurden. Zudem wurden entlang von <111>-Zonenachsen teilweise auch mit 200 und $300\,kV$ Beugungsbilder aufgenommen. Die *spot size* gibt den nominellen Strahldurchmesser und somit die laterale Abmessung der Sonde im CBED-Modus an. Für die Untersuchungen an PZT wurde meistens ein Strahldurchmesser von $10\,nm$ bzw. $12,5\,nm$ verwendet. Sofern ein anderer Wert verwendet wurde, wird dies im Text angegeben. Nur in Japan standen *Image Plates* (IP) der Firma Fuji als Aufnahmemedium zur Verfügung. Diese bieten bei einer Pixelgröße von $25\,\mu m$ ein lineares Ansprechverhalten auf die Intensität über 5 Größenordnungen. Ansonsten wurden die Bilder auf Film aufgenommen.

Das JEOL 2010FEF [111] wurde für die Aufnahme von energiegefilterten Beugungsbildern, die höhere Laue Zonen enthalten, verwendet. Nur diese bieten die Möglichkeit anhand eines Datensatzes die Atompositionen, Debye-Waller Faktoren und Röntgenstrukturfaktoren zu verfeinern [22]. Der Strahldurchmesser an diesem Gerät ist von 0,5 bis $2,4\,nm$ einstellbar. Aufgrund von Strahlschädigung wurde nur mit den beiden kleinsten Einstellungen von 0,5 und $1,0\,nm$ gearbeitet.

Der am JEOL 3010 nach der Säule angeordnete *Gatan Imaging Filter* (GIF) und die daran angeschlossene CCD wurden aufgrund der zwanzigfachen Nachvergrößerung nicht verwendet.

3.4 Simulationen und Verfeinerungen mit MBFIT

3.4.1 Simulation

Die Simulation von konvergenten Beugungsbildern erfolgt mit dem Programm *MBFIT* von Tsuda [22]. *MBFIT* steht für *many-beam dynamical calculation and least-squares fitting*. Die Berechnung basiert auf der in Kapitel 1 beschriebenen Theorie. Das Eigenwertproblem wird numerisch gelöst. Die Ordnung der Beugungsmatrix wird mit Hilfe der *generalized Bethe-potential* Methode (GBP) reduziert [21]. Dabei werden die Strahlen in „stark" und „schwach" angeregte unterteilt. Kriterium hierfür ist der Anregungsfehler s. So wurden Reflexe $s < 0,03\,\text{Å}^{-1}$ exakt berechnet, Reflexe mit $0,03\,\text{Å}^{-1} < s < 0,05\,\text{Å}^{-1}$ mit GBP behandelt. Teilweise wurden die Werte für Simulationen auch auf $0,02\,\text{Å}^{-1}$ und $0,04\,\text{Å}^{-1}$ gesetzt. Für Zonenachsen vom Typ <100>, bei denen die erste Laue-Zone nur schwach angeregt ist, wurden nur Reflexe bis zur ersten Laue-Zone einbezogen. Ansonsten wurden Reflexe bis zur zweiten Laue Zone berechnet, um deren Einfluss auf die Reflexe der nullten (ZOLZ) und ersten Laue-Zone (FOLZ) mit einzubeziehen.

3 Experimentelle Durchführung

3.4.2 Extraktion der CBED-Intensitäten

Für die Verfeinerung von Strukturparametern müssen die Intensitäten der in die Verfeinerung mit einbezogenen Reflexe aus den IP Daten extrahiert werden. Als Faustregel sollten nur Reflexe ausgewählt werden, deren maximale Intensität dreimal größer als die Standardabweichung σ_{exp} ist. Diese ergibt sich aus der Standardabweichung der *image plate* $\sigma_{IP} = \sqrt{I_{obs}}$ und dem Untergrundrauschen σ_{bg} zu $\sigma_{exp}^2 = \sigma_{IP}^2 + \sigma_{bg}^2$. Für die Bestimmung des Untergrundes wird ein Bereich, der größer als die Beugungsscheibe ist, extrahiert. Für die korrekte Extraktion der Intensitäten ist eine Simulation mit bekannten Gitterkonstanten nötig, die die exakten Reflexpositionen liefert. Aus der Abweichung der tatsächlichen Reflexpositionen berechnet das Programm die Bildverzerrung durch die elektromagnetischen Linsen und den Energiefilter. Dabei werden eine radiale Verzerrung, eine spirale Verzerrung und eine elliptische Verzerrung angenommen [22, 112].

$$\Delta r = C_r r^3 \tag{3.1}$$
$$\Delta s = C - s r^3 \tag{3.2}$$
$$\Delta e_x = C_{el}\left[r\cos t + \theta\cos\theta + r\sin t + \theta\sin\theta\right] \tag{3.3}$$
$$\Delta e_y = -C_{el}\left[-r\cos t + \theta\sin\theta + r\sin t + \theta\cos\theta\right] \tag{3.4}$$

Die extrahierten Daten werden dann entsprechend entzerrt.

3.4.3 Verfeinerung des Strukturmodells

Die Verfeinerung läuft wie allgemein üblich über die Summe der quadratischen Abweichungen S, die minimiert wird.

$$S = \sum_i w_i \left[I_i^{exp} - s I_i^{cal}(x)\right]^2 \tag{3.5}$$

Dabei ist I_i^{exp} die experimentelle Intensität, I_i^{cal} die berechnete, s der Skalenfaktor und $w_i = w_{LZ}/(\sigma_i^{exp})^2$ ein Wichtungsfaktor. Der Zweck dieses Wichtungsfaktors ist es HOLZ-Reflexe, deren Intensität in der Regel weniger als ein Hundertstel der Intensität von ZOLZ-Reflexen beträgt, stärker in die Verfeinerung mit einzubeziehen. HOLZ-Reflexe sind wichtig für die Verfeinerung von Atompositionen und Debye-Waller Faktoren (siehe Abschnitt 1.4). Der Wichtungsfaktor wird bestimmt, so dass

$$\sum_{ZOLZ} w_i \left(I_i^{exp}\right)^2 / \sum_{HOLZ} w_i \left(I_i^{exp}\right)^2 = 0,1 \tag{3.6}$$

ist. Für HOLZ Reflexe wurde w_i auf 1,0 gesetzt, so dass w_i für ZOLZ Reflexe im Bereich von 0,01 lag. Für die Verfeinerung von Röntgenstrukturfaktoren niedriger Beugungsordnung wurde der Wichtungsfaktor um den Faktor 10 hochgesetzt.
Bevor jedoch Strukturparameter verfeinert werden können, muss der Startwert für die Probendicke und der zugehörige Skalenfaktor s bestimmt werden. Diese beiden Parameter werden immer mit verfeinert. Vor dem eigentlichen Start der Verfeinerung wurden die Reflexpositionen kontrolliert und gegebenenfalls manuell korrigiert. Dies wurde für HOLZ-Reflexe auch in späteren Schritten wiederholt.

3.4.4 Darstellung der Strukturdaten

Die Visualisierung von Strukturmodellen und volumetrischen Daten, wie z.B. die Elektronendichte, erfolgte mit dem Programm VESTA [113] bzw. dessen Vorgänger VICS-II.

3.5 Röntgen- und Neutronen- Pulverbeugung

Die Gitterkonstanten und die Startwerte für die Atompositionen und Temperaturfaktoren wurden mit einer synchronen Anpassung an Neutronen- und Synchrotrondaten bestimmt.
Für die Röntgenbeugung wurde das mit dem Achat Mörser zerkleinerte Pulver in eine 0,5 mm Quarzglas-Kapillare gefüllt. Das Diffraktogramm wurde an der *beamline* B2, HASYLAB/DESY in Hamburg mit einem positionsempfindlichen *image-plate* Detektor (OBI) [114] aufgenommen. Die Wellenlänge wurde mit einem LaB_6-Standard zu $0,5019$ Å bestimmt.
Für die Neutronenbeugung wurde das gesamte Pellet verwendet. Die Messung erfolgte am SPODI Pulverdiffraktometer des Forschungsreaktor FRM-II in Garching und wurde mit einer Bank aus 80 positionsempfindlichen He^3 Detektoren über einen Winkelbereich von 160° aufgenommen. Der Monochromator war auf eine Wellenlänge von $1,548$ Å eingestellt.
Beide Messungen sowie die kombinierte Verfeinerung des Strukturmodells anhand beider Datensätze wurden von Herrn Manuel Hinterstein mit dem Programm GSAS [115] durchgeführt.

3 Experimentelle Durchführung

3.6 Berechnung der Reflexaufspaltung

Die Berechnung der, durch Domänen hervorgerufenen, Reflexaufspaltung in Elektronenbeugungsbildern wurde mit dem Programm MATLAB® durchgeführt. Die selbstgeschriebenen Programmcodes sind im Anhang A aufgeführt. Sie basieren auf einer Spiegelung der Gitterparameter an der Domänenwand oder auf einer Rotation um die Domänenwandnormale. Die Gittervektoren von Domäne 2 lassen sich durch eine Multiplikation der entsprechenden Spiegel- (S) oder Drehmatrize (R) [116] mit den Gittervektoren von Domäne 1 erzeugen. Dabei ist n der Normalenvektor der Spiegelebene bzw. der Einheitsvektor parallel zur Drehachse und ϕ der Rotationswinkel.

$$S = \begin{pmatrix} 1 - 2 \cdot n_1^2 & -2 \cdot n_2 \cdot n_1 & -2 \cdot n_3 \cdot n_1 \\ -2 \cdot n_1 \cdot n_2 & 1 - 2 \cdot n_2^2 & -2 \cdot n_3 \cdot n_2 \\ -2 \cdot n_1 \cdot n_3 & -2 \cdot n_2 \cdot n_3 & 1 - 2 \cdot n_3^2 \end{pmatrix} \quad (3.7)$$

$$R = \begin{pmatrix} \cos\phi + n_1^2 \cdot (1-\cos\phi) & n_1 \cdot n_2 \cdot (1-\cos\phi) - n_3 \cdot \sin\phi & n_1 \cdot n_3 \cdot (1-\cos\phi) + n_2 \cdot \sin\phi \\ n_1 \cdot n_2 \cdot (1-\cos\phi) + n_3 \cdot \sin\phi & \cos\phi + n_2^2 \cdot (1-\cos\phi) & (1-\cos\phi) \cdot n_2 \cdot n_3 - n_1 \cdot \sin\phi \\ n_1 \cdot n_3 \cdot (1-\cos\phi) - n_2 \cdot \sin\phi & n_2 \cdot n_3 \cdot (1-\cos\phi) + n_1 \cdot \sin\phi & \cos\phi + n_3^2 \cdot (1-\cos\phi) \end{pmatrix}$$
$$(3.8)$$

Da durch die Spiegelung aus einem Rechtssystem ein Linkssystem wird, muss dieses noch in ein Rechtssystem überführt werden. Für den Fall von zwei Domänen können die Abbildungsmatrizen R und S (Glg. 3.8 und Glg. 3.7) vereinfacht werden, in dem die Domänenwand parallel zur entsprechenden Ebene des Standardkoordinatensystems orientiert wird. Dann können Spiegelungen an (100) und (110) bzw. Rotationen um [100], [110] und [111] durchgeführt werden. Der Winkel, um den Domäne 1 dazu gedreht werden muss, entspricht dem Winkel δ in Abschnitt 2.3.4 bzw. dem Winkel ϕ in Abschnitt 2.4.2 und 2.4.3.

Für die rhomboedrischen Domänen bot sich die monokline Aufstellung an. Aus dem transformierten metrischen Tensor ergeben sich die monoklinen Gitterparameter der rhomboedrischen Zelle nach Glg. 3.9.

$$\begin{aligned} a_m &= a_r \cdot \sqrt{2 \cdot (1 + \cos\alpha)} \\ b_m &= a_r \cdot \sqrt{2 \cdot (1 - \cos\alpha)} \\ c_m &= a_r \\ \cos\beta &= \frac{\sqrt{2}\cdot\cos\alpha}{\sqrt{1+\cos\alpha}} = \frac{-2a_r}{a_m} \cdot \cos\alpha \end{aligned} \quad (3.9)$$

Aus den Gittervektoren im Realraum werden die reziproken berechnet. Mit dem Programmteil im Anhang A.1.4 wird nur die nullte Laue Zone ausgewählt. Die Wahl

3.6 Berechnung der Reflexaufspaltung

der Zonenachse [uvw] erfolgt über die beiden ZOLZ Basisvektoren [h1 k1 l1] und [h2 k2 l2]. Diese müssen für das existierende Programm orthogonal gewählt werden. Eine Erweiterung auf beliebige ZOLZ-Basisvektoren ist aber prinzipiell möglich. Die Basisvektoren liegen im karthesischen Referenzkoordinatensystem. Das bedeutet die Zonenachsen [uvw] beziehen sich auf dieses, und nicht auf die Richtung in einer der Domänen. Die Achsen der pseudokubischen Zelle sollten möglichst parallel zu den karthesischen gewählt werden, damit die entsprechenden Reflexe in der ZOLZ auftreten.

Der Öffnungswinkel des Spaltes in einer Mehrdomänenkonfiguration [71] lässt sich ebenfalls über S oder R berechnen. Innerhalb der Mikrodomäne wurde die Abweichung des Normalenvektors derselben Nanodomänenwand, einmal als Ebene der ersten Domäne und einmal als Ebene der letzten Domäne des Umlaufs, berechnet. Da sich die Domänenwand aus Bereichen verschiedener Nanodomänen zusammensetzt, ist auch diese nicht eben. Hier wird die Differenz der Mikrodomänenwandorientierung angegeben. Dies entspricht dem halben Öffnungswinkel des Spaltes, der entsteht, wenn in einem Bereich Mikrodomäne 1 und Mikrodomäne 2 lückenlos aneinander liegen.

3 Experimentelle Durchführung

Teil III

Ergebnisse

4 Domänenmodelle und Reflexaufspaltung

Der Begriff Domänen wurde für magnetische Domänen eingeführt und wurde dann weiter verwendet für ferroelektrische und ferroelastische Materialien. Da Ferroelektrika gleichzeitig Ferroelastika sind, ist eine Beschreibung von ferroelastischen Domänen ausreichend [117]. Zusätzlich können in Ferroelektrika noch 180°-Domänen entstehen. Diese sind aber merohedrische Zwillinge [118], erzeugen deshalb keine Reflexaufspaltung und werden in diesem Kapitel nicht behandelt.

4.1 Domänenwände

Domänen bilden sich durch die, mit dem ferroelektrischen Phasenübergang einhergehende, spontane Dehnung aus. Diese kann in unterschiedlichen Richtungen stattfinden. Wieviele Orientierungszustände (OS) möglich sind, wird durch die Gruppe-Untergruppe Beziehung (Abbildung 2.9) bestimmt. Die Domänen stehen in Zwillingsbeziehung zueinander und können durch Zwillingsoperationen ineinander überführt werden. Mögliche Operationen sind alle Symmetrielemente, die während des Phasenübergangs wegfallen. Somit gibt die Ordnung des Phasenübergangs die Anzahl der möglichen Domänen an. Ebenfalls aus Symmetrieüberlegungen erhält man die erlaubten Kontaktflächen. Dies sind alle Spiegelebenen der Übergruppe G, die nicht Spiegelebene der Untergruppe H sind [117]. Ist die Symmetrieoperation eine zweizählige Rotation, so ist die Ebene senkrecht zur Drehachse auch eine erlaubte Kontaktfläche. Bei Rotationen $\neq 180°$ können die Ebenen senkrecht zur Drehachse ebenfalls Kontaktflächen bilden. Die unterschiedliche Verzerrung kann aber zu Spannungen in der Kontaktfläche führen [118].

Für Ferroelektrika führt die Spiegelung an der Domänenwand zu einer *head to head*- bzw. *tail to tail*-Anordnung. Eine (zweizählige) Rotation um die Domänenwandnor-

4 Domänenmodelle und Reflexaufspaltung

male erzeugt Domänen in *head to tail*-Anordnung. In Ferroelastika sind aufgrund der Inversionssymmetrie beide Operationen äquivalent. Für die Berechnung der Aufspaltung von Reflexen spielt ebenfalls keine Rolle, welche der beiden Operationen durchgeführt wird.

4.2 Reflexaufspaltung

Im Folgenden wird die Aufspaltung in <100>-, <110>- und <111>-Beugungsbildern diskutiert. Dafür wurden die entsprechenden Beugungsbilder mit MATLAB® berechnet. Die Indizierung der Zonenachsen, aber auch der Richtungen, in denen Reflexe aufspalten, bezieht sich auf das kubische Standardkoordinatensystem. Die Orientierung der Gittervektoren der Domänen, sowie der Domänenwand, im Standardkoordinatensystem ist neben den Beugungsbildern in Abbildung 4.1, 4.2 und 4.3 dargestellt. Dabei ist zu beachten, dass die rhomboedrischen Domänen in monokliner Aufstellung berechnet wurden. In den Beugungsbildern ist zusätzlich der Domänenwandkontrast schematisch dargestellt. Eine Linie entspricht einer Domänenwand parallel zum Strahl (*edge on*); drei Linien entsprechen den δ-Streifen einer geneigten Domänenwand. Für diese ist der Winkel zwischen Zonenachse und Domänenwand angegeben.

Neben der graphischen Darstellung der Beugungsbilder wurde die Aufspaltung in Abhängigkeit der Gitterverzerrung berechnet. Dafür wurde die Aufspaltung s gemäß Gleichung 4.1 definiert.

$$s = \frac{|(\vec{g}_{hkl1} - \vec{g}_{hkl2}) - (\vec{g}_{hkl1} - \vec{g}_{hkl2}) \cdot [uvw]|}{|\vec{g}_{hkl}|}| \quad (4.1)$$

Dabei ist [uvw] der Einheitsvektor parallel zur Zonenachse. Damit ist s der auf die nullte Laue Zone projizierte Abstand zwischen den Reflexen g_{hkl1} und g_{hkl2}, dem Reflexpaar mit der größten Aufspaltung, normiert auf den Betrag eines der beiden Beugungsvektoren. Dafür muss für jede Zonenachse das Reflexpaar, das die größte Aufspaltung zeigt, explizit in der Indizierung der jeweiligen Domäne angegeben werden. Diese Reflexpaare sind in Abbildung 4.1, 4.2 und 4.3 indiziert, sowie in Tabelle A.1, A.2 und A.3 aufgelistet. Die Ergebnisse sind in Abbildung 4.4 für die verschiedenen Domänen und Zonenachsen, aufgetragen. Das Maximum für $\frac{c}{a}$ von 1,065 entspricht dem $\frac{c}{a}$-Verhältnis von $PbTiO_3$. Das Limit von 89° für den rhomboedrischen Winkel α wurde willkürlich gewählt. Mit den beobachteten Werten,

4.2 Reflexaufspaltung

$\alpha \approx 89,69°$ und $\frac{c}{a} = 1,02$, in rhomboedrischem bzw. tetragonalem PZT nahe der MPB lässt sich bestätigen, dass die tetragonale Aufspaltung etwa um den Faktor 2 größer ist als die rhomboedrische.

4.2.1 Reflexaufspaltung durch 90°-Domänen

Die Entstehung der Aufspaltung in <100>-Beugungsbildern von 90°-Domänen wurde schon im Abschnitt 2.3.4 und in [13, 70] beschrieben. Zusätzlich zeigt Abbildung 4.1 die Beugungsbilder der Zonenachsen [0$\bar{1}$1], [1$\bar{1}$1] und [111]. Die Richtung der Aufspaltung ist immer senkrecht zur Domänenwand. Von daher ist in Beugungsbildern mit Einstrahlrichtung senkrecht zur Domänenwand keine Aufspaltung zu beobachten.

Die Richtungen, in denen keine Aufspaltung zu beobachten ist, unterscheiden sich jedoch für verschiedene Zonenachsen. Für [001], [1$\bar{1}$1] und [111] ist dies die Richtung senkrecht zur Domänenwand. Für [001] und [1$\bar{1}$1] ist dies klar, da es sich dabei um die hh0-Reflexe der Domänenwand handelt. Im [111]-Beugungsbild sind es die $\bar{h}\bar{h}2h$-Reflexe senkrecht zu den δ-Streifen. Anders sieht es für die Zonenachsen [0$\bar{1}$0] und [0$\bar{1}$1] aus. In [0$\bar{1}$1] spalten die $h\bar{h}h$-Reflexe nicht auf. Diese liegen entlang einer Linie, die weder senkrecht noch parallel zur Domänenwand liegt. Für a-c Domänen spalten die 00l-Reflexe nicht auf, da sie von der gemeinsamen Spiegelebene beider Domänen hervorgerufen werden. Im [1$\bar{1}$0] Beugungsbild mit der Domänenwand *edge on* ist keine Aufspaltung zu beobachten.

4.2.2 71°-Domänen ((110)-Domänenwand)

Eine 71°-Domänenwand ist, da sie ebenfalls in {110}-Ebenen liegt, nicht alleine durch ihren Kontrast in der Abbildung von einer 90°-Domänenwand zu unterscheiden. In einigen Orientierungen können die beiden aber anhand ihrer Aufspaltung unterschieden werden. Die Aufspaltung wurde in Abschnitt 2.4.2 schon erwähnt. In monokliner Aufstellung der Zelle ist die Entstehung einfach zu erklären. Wenn $c_m{}^1$ parallel zur [001]-Richtung des Referenzkoordinatensystems liegt, ist die $(001)_m$-Ebene in Domäne 1 genau um $\beta - 90°$ um [1$\bar{1}$0] verkippt. Die Differenz in der Orientierung der (001)-Ebenen der beiden Domänen beträgt somit genau $2(\beta - 90°)$. Die

---
[1]Das tiefgestellte m kennzeichnet die monokline Indzierung

4 Domänenmodelle und Reflexaufspaltung

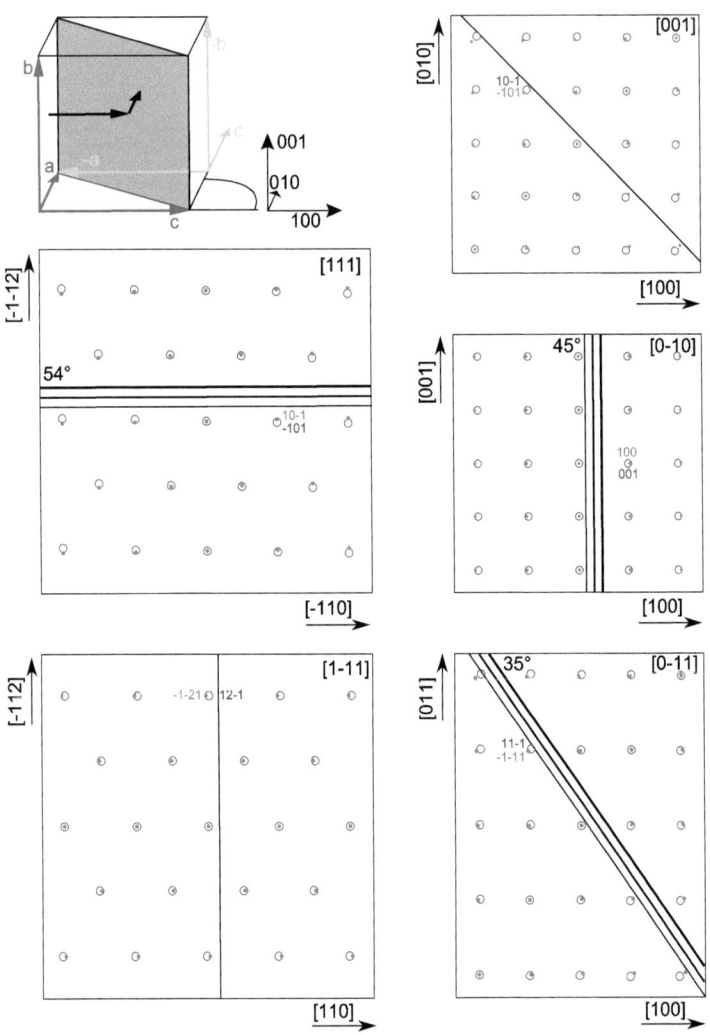

Abbildung 4.1: <100>-, <110>- und <111>-Beugungsbilder mit einer 90°-Domänenwand in (110), berechnet mit $\frac{c}{a} = 1,025$. Eine Linie stellt die Domänenwand parallel zum Strahl dar, mehrere Linien entsprechen einer geneigten Domänenwand. Grüne Kreise stellen die Reflexe von Domäne 1, orangene Punkte die von Domäne 2 dar, in Indizierung der jeweiligen Domäne. Die Orientierung der Gittervektoren ist der Skizze links oben zu entnehmen.

4.2 Reflexaufspaltung

Richtung der Aufspaltung ist [110] und dies erklärt, warum in [1$\bar{1}$0] und [1$\bar{1}$1] die Aufspaltung deutlich zu beobachten ist. In [1$\bar{1}$0] ist für 90°-Domänen keine Aufspaltung zu beobachten. Dagegen spalten die Reflexe durch eine 71° Wand in [001] nicht auf, die Richtung, die für 90°-Domänen die deutlichste Aufspaltung zeigt. Die Richtung, in der keine Aufspaltung auftritt, ist ein wichtiges Merkmal zur Unterscheidung von 90°- und 71°-Domänen. Im Gegensatz zu ac-Domänen zeigen 71°-Domänen im [0$\bar{1}$0]-Beugungsbild keine Aufspaltung für h00-Reflexe. Dies sind die auf der Linie senkrecht zur Verlaufsrichtung der Domänenwand. In [0$\bar{1}$1] ist diese Richtung ebenfalls [100]. Im [111]-Beugungsbild spalten für 71°-Domänen $\bar{h}h$0-Reflexe nicht auf, während es für 90°-Domänen $\bar{h}h$2h-Reflexe sind. Aus der [1$\bar{1}$1]-Richtung sind 71°- und 90°-Domänen nicht zu unterscheiden.

4.2.3 109°-Domänen ((100)-Domänenwand)

Die 109°-Domänenwand unterscheidet sich von 71°- und 90°-Domänenwänden durch ihre Lage in {100}-Ebenen. Die Reflexaufspaltung wurde bereits in Abschnitt 2.4.3 kurz erklärt. Zwillingsoperation ist eine zweizählige Rotation um die Domänenwandnormale in [100] bzw. eine Spiegelung an (100). In [0$\bar{1}$0] mit der Domänenwand *edge on* spalten die 00l-Reflexe auf, da die (001)-Ebene in Domäne 1 nahezu um (90° $-\alpha$) gegen den Uhrzeigersinn um ≈ [0$\bar{1}$0] gedreht wurde, in Domäne 2 im Uhrzeigersinn. Die stärkste Aufspaltung ist für 0kk-Reflexe im [0$\bar{1}$1] Beugungsbild zu beobachten, da die Zonenachse senkrecht zur Verzerrungsrichtung in beiden Domänen liegt. Im [101] Beugungsbild spalten die $\bar{h}hh$-Reflexe nicht, die h00-Reflexe am stärksten auf. Die Zonenachsen [111] und [1$\bar{1}$1] unterscheiden sich nicht in ihrer Orientierung der Domänenwand. Beide Male ist sie um 35° gegenüber dem Strahl verkippt und die Domänenwand verläuft parallel zu <110>. Auch zu einer {110}-Domänenwand ist der Unterschied gering, nur der Neigungswinkel ist mit 35° geringer. Für eine Unterscheidung von geneigten (100)- und {110}-Wänden muss die Probendicke bekannt sein.

Im [111] Beugungsbild spalten die 0$\bar{k}$k-Reflexe auf einer Linie parallel zur Domänenwand nicht auf, die 2$\bar{h}hh$-Reflexe senkrecht dazu am stärksten. Für [1$\bar{1}$1] ist es genau umgekehrt. Die 2$hh\bar{h}$-Refexe auf der Linie senkrecht zur Domänenwand spalten nicht auf, die 0kk-Reflexe parallel zur Wand am stärksten.

4 Domänenmodelle und Reflexaufspaltung

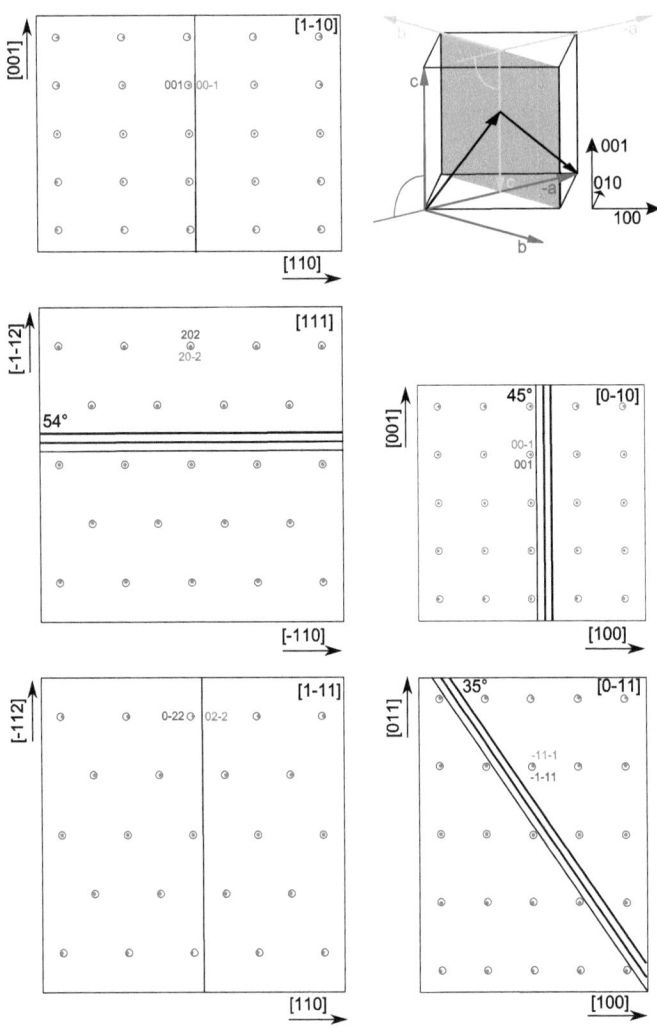

Abbildung 4.2: Beugungsbilder vom Typ <100>, <110> und <111> mit einer 71°-Domänenwand in der (110)-Ebene, berechnet mit $\alpha = 89,6°$. Grüne Kreise stellen die Reflexe von Domäne 1, orangene Punkte die von Domäne 2 dar, in Indizierung der jeweiligen Domäne. Die Orientierung der Gittervektoren ist der Skizze rechts oben zu entnehmen.

4.2 Reflexaufspaltung

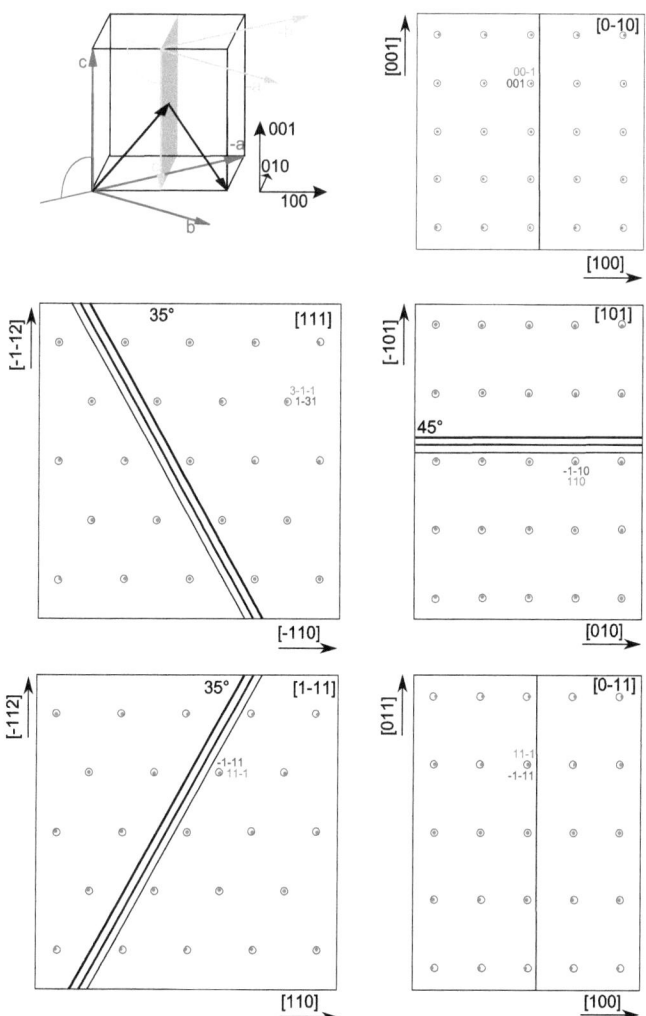

Abbildung 4.3: Beugungsbilder vom Typ <100>, <110> und <111> für eine 109°-Domänenwand in (100), berechnet mit $\alpha = 89,6°$. Grüne Kreise stellen die Reflexe von Domäne 1, orangene Punkte die von Domäne 2 dar, in Indizierung der jeweiligen Domäne. Die Orientierung der Gittervektoren ist der Skizze links oben zu entnehmen.

4 Domänenmodelle und Reflexaufspaltung

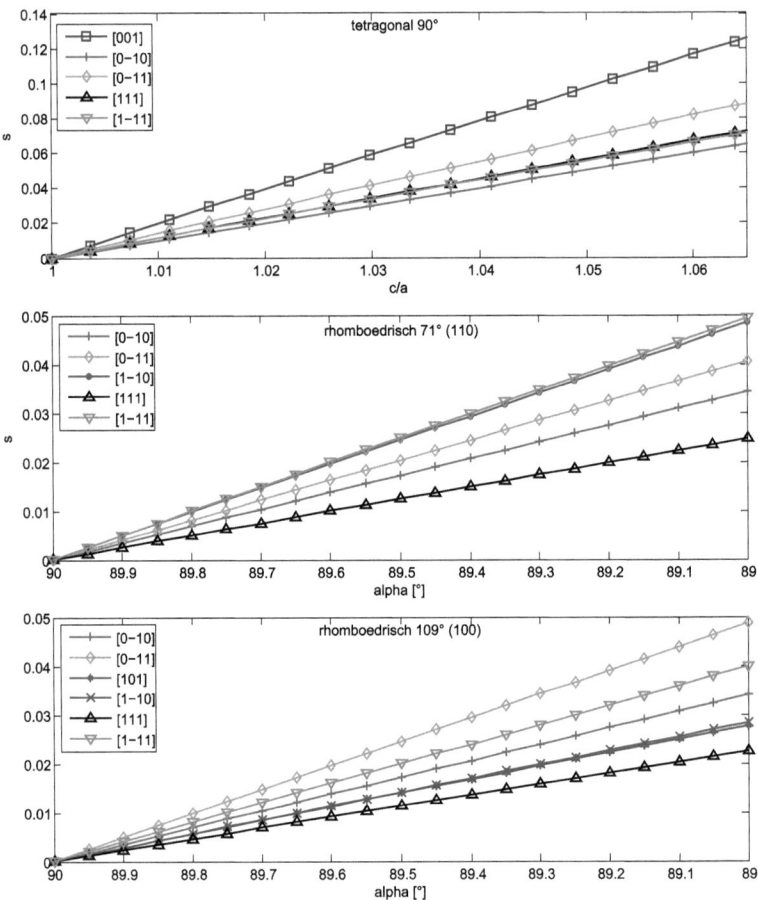

Abbildung 4.4: Reflexaufspaltung in <100>-, <110>- und <111>-Beugungsbildern für 90°-, 71°- und 109°-Domänen. Die Reflexpaare, mit denen die Aufspaltung berechnet wurde, sind in den Abbildungen 4.1, 4.2 und 4.3 indiziert und in Tabelle A.1, A.2 und A.3 aufgeführt.

4.3 Monokline Domänen

Für monokline Symmetrie sind insgesamt 24 verschiedene Polarisationsrichtungen möglich. Unter der Annahme, die monokline Phase bildet sich ausgehend von $P4mm$ oder $R3m$, kann die Entstehung in Domänen, die sich innerhalb von tetragonalen bzw. rhomboedrischen Domänen bilden, gegliedert werden. Diese werden im folgenden als Nanodomänen bezeichnet. Die Nanodomänenmodelle wurden aus den Modellen von Erhart und Cao [119] sowie Bokov und Ye [106] abgeleitet.

4.3.1 $P4mm \rightarrow C$m

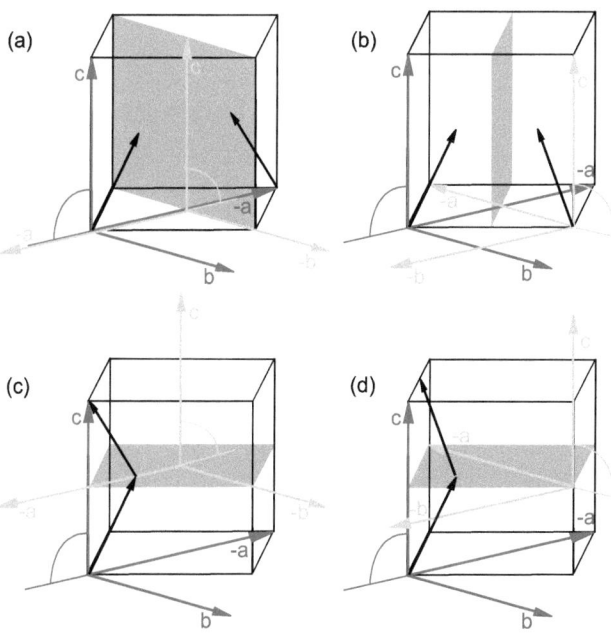

Abbildung 4.5: Monokline Domänen, wie sie in einer tetragonalen Domäne entstehen können. (a) (110)hh (*head to head*) (b) (100)hh (c) $[001]_2$ (d) $[001]_4$.

Abbildung 4.5 zeigt monokline Domänen, wie sie durch Verlust der Spiegelebene in (110) (a) der Spiegelebene in (100) bzw. (010) (b) und der zwei- (c) bzw. vierzähligen (d) Rotation in [001] als Folge des Phasenübergangs $P4mm \rightarrow Cm$, entstehen

4 Domänenmodelle und Reflexaufspaltung

können. (a), (b) und (c) sind von der Zwillingsoperation äquivalent zu rhomboedrischen Domänenwänden. So entspricht (a) einer (110)-*head to head*-Wand und (b) einer (100)-*head to head*-Wand. (c) ist äquivalent zu (100)-*head to tail*- bzw. 109°-Domänen. Vergleicht man die Nanodomänen mit dem Modell zur adaptiven Phase, würde die Mittelung über beide Domänen sowohl für (a) als auch für (c) eine monokline Phase vom Typ M_A mit $P = [uuv]$ mit $u < v$ ergeben. Für Nanodomänen vom Typ (b) und (d) unterliegt die gemittelte Polarisation keiner Symmetrie. Die beiden Domänen besitzen auch keine gemeinsame Spiegelebene, wie es für (a) und (c) der Fall ist. Zusätzlich ist die Kontaktfläche für (d) nicht spannungsfrei. Die a- und b-Achse sind durch die Rotation von 90° um c* vertauscht. Für geringe Abweichungen von $\frac{a}{b} = 1,004$ ist dieser Typ dennoch denkbar [118].

4.3.2 Monokline Verzerrungen an einer 90°-Domänenwand

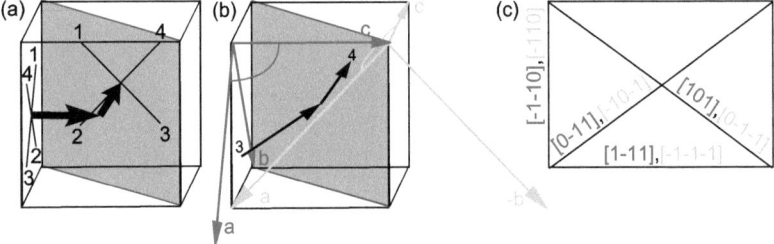

Abbildung 4.6: (a) Mögliche Anordnungen der Polarisationen an einer ursprünglichen 90°-Domänenwand. (b) Orientierung der monoklinen Gittervektoren beider Domänen am Beispiel 34 und in die monoklinen Gittervektoren in der Kontaktfläche (c).

Wenn sich innerhalb der tetragonalen Domänen monokline Nanodomänen ausbilden, treffen in der (110) Mikrodomänenwand Domänen mit unterschiedlicher Orientierung der c-Achse aufeinander. Dies ist in Abbildung 4.6 schematisch dargestellt. In Domäne 1 kann die Polarisation in einer der vier <vuu>-Richtungen liegen, in Domäne 2 entsprechend der 90°-Domänenwand in einer der <uvu>-Richtungen. Somit sind insgesamt 16 verschiedene Anordnungen möglich. Die Benennung erfolgt nach Abbildung 4.6. Die erste Zahl bestimmt den Anfangspunkt von P_1 und die zweite

4.3 Monokline Domänen

Domäne 1/Domäne 2	Bedingung für Kohärenz	rhomboedrische DW
11, 22	-	180°
33, 44	-	71°
12, 21	$b = \sqrt{a^2 - a \cdot a \cdot \cos\beta}$	-
34, 43	$b = \sqrt{a^2 + a \cdot a \cdot \cos\beta}$	0°
24, 42, 13, 31	$\beta = 90°$	-
14, 41, 23, 32	$\beta = 90°, a = b$	-

Tabelle 4.1: Mögliche Kombinationen von zusätzlichen <110>-Komponenten der Polarisation an einer 90°-Domänenwand. Die Bedingung für eine kohärente Kontaktfläche ist angegeben. In der letzten Spalte ist die entsprechende rhomboedrische Domänenwand angegeben, sofern diese existiert.

Zahl den Endpunkt von P_2. Somit sind die Kombinationen 11, 22, 33 und 44 durch eine zweizählige Rotation um [110] zu beschreiben. Durch die horizontale Spiegelebene in (001) der ursprünglichen Domänenkonfiguration sind 11 und 22 bzw. 33 und 44 äquivalent. Das Gleiche gilt für die Kombinationen 14 und 23 sowie 24 und 23. Permutationen sind ebenfalls äquivalent. Dadurch verbleiben sechs unterschiedliche Anordnungen, die in Tabelle 4.1 aufgeführt sind.

Die Mikrodomänenwand ist immer eine Ebene vom Typ $\{111\}_m$ des monoklinen Gitters, deren Normalenvektor die Rotationsachse für die Zwillingsoperation darstellt. Für die Beschreibung der Domänenwände 12, 34, 31, und 32 ist zusätzlich zur Rotation um [110] noch eine weitere Transformation notwendig, um die Gitterparameter von Domäne 2 zu erhalten. Dadurch ist die Kontaktfläche nicht notwendigerweise kohärent. Aus den in der Kontaktfläche liegenden Gittervektoren lässt sich die Bedingung für Kohärenz, wie in Abbildung 4.6 (c) am Beispiel 34 dargestellt, herleiten. Die entsprechenden Bedingungen sind in Tabelle 4.1 aufgeführt. Die Domänenwand 34 ist mit einer monoklinen Verzerrung mit $\beta > 90°$ und $a > b$, wie sie für PZT vorgeschlagen wurde [1], kohärent. Die von Noheda et al. [1] bestimmten Gitterparameter erfüllen diese Bedingung jedoch nicht exakt. Für die Kombination 12 muss entweder $\beta < 90°$ oder $a < b$ sein. Die Kontaktfläche von 31 ist nur mit orthorhombischer Verzerrung kohärent, die von 41 nur mit tetragonaler Verzerrung.

Für einige Kombinationen ist auch eine weitere Rotation der Polarisationen in <111> denkbar. So würde mit <111>-Polarisationen, aus 11 eine rhomboedrische 180°-, aus 33 eine 71°- und aus 34 eine 0°-Domänenwand werden.

4 Domänenmodelle und Reflexaufspaltung

4.3.3 Nanodomänen Konfiguration in tetragonalen Domänen

Bis jetzt wurden die einzelnen Domänenwände nur isoliert betrachtet. Durch die Ausbildung von Nanodomänen in bestehenden Mikrodomänen kommt es jedoch zu Spannungen, da die Domänen Konfiguration aus mindestens vier Domänen besteht. Diese können nicht lückenlos zusammengefügt werden [69, 71]. Als vergleichbare Größe für die Fehlpassung der verschiedenen Domänenkonfigurationen wird hier der Öffnungswinkel des verbleibenden Spaltes angegeben.

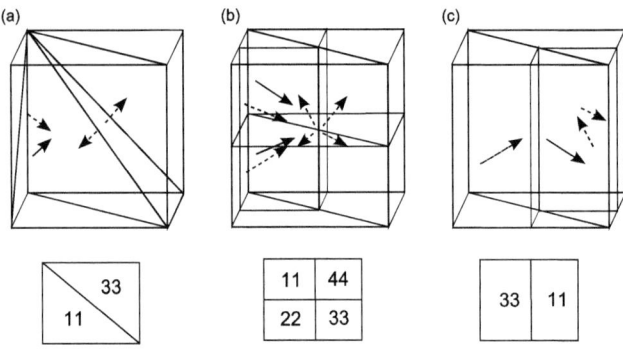

Abbildung 4.7: Mögliche monokline Nanodomänen in tetragonalen Domänen. Darunter ist dargestellt, aus welchen Bereichen sich die Mikrodomänenwand zusammensetzt.

{110}-Spiegelzwillinge

Mit {110}-Domänenwänden alleine können sich nur zwei Nanodomänen pro Mikrodomäne ausbilden. Die Zwillingsoperation der Mikrodomänenwand in (110) auf die (0$\bar{1}$1)-Nanodomänenwand in Domäne 1 angewandt, ergibt eine (101)-Nanodomänenwand in Domäne 2 (Abbildung 4.7 (a)). Damit schneiden sich alle Domänenwände in [$\bar{1}$11]. Die Mikrodomänenwand in (110) besteht aus den Bereichen 11 und 33. Für rhomboedrische Verzerrung sind dies 180°- und 71°-Bereiche in der ursprünglichen tetragonalen 90°-Wand. Somit ist eine kontinuierliche Rotation der Polarisation von <001> nach <111> für diese Konfiguration denkbar.
Die Normalenvektoren der Ebenen, die die Mikrodomänenwand bilden, weichen

4.3 Monokline Domänen

leicht voneinander ab. Ein Vergleich der rhomboedrischen und monoklinen Strukturmodelle (vgl. Anhang B) ergibt für ein rhomboedrisches Gitter mit 0,53° sogar eine leicht geringere Fehlpassung als das monokline Gitter mit 0,57°.

	monoklin	rhomboedrisch
$(1\bar{1}1)_1/(\bar{1}11)_3$	0,572°	0,530°

Tabelle 4.2: Winkel in der Mikrodomänenwand in (110) erzeugt durch monokline ($a = 5,754, b = 5,731, c = 4,103$ und $\beta = 90,47°$) und rhomboedrische ($\alpha = 89,69°$) Nanodomänen mit einer Wand in (011) (vgl. Abbildung 4.7 (a)).

{100}-Spiegelzwillinge

Mit {100}-Spiegelzwillingen entsprechend Abbildung 4.5 (b) können sich innerhalb der Mikrodomäne vier Nanodomänen ausbilden (Abbildung 4.7 (b)). Diese Nanodomänenkonfiguration besitzt die Symmetrie 4mm [119]. Die Mikrodomänenwand besteht dann aus Bereichen 11, 22, 33 und 44. Damit unterliegen für die symmetrische Anordnung der Nanodomänen die Gitterparameter keiner Restriktion. Im Falle einer rhomboedrischen Verzerrung würden diese Bereiche in 180°- und 71°-Bereiche übergehen. Die Polarisation der Mikrodomäne ist nicht an eine Ebene gebunden, sondern liegt für vergleichbare Phasenanteile aller Nanodomänen nahe [001] für Domäne 1. Da die Mikrodomänenwand aus vier Bereichen besteht, treten 6 Winkel auf, die in Tabelle 4.3 für monokline und in Tabelle 4.4 für rhomboedrische Gitterparameter angegeben sind. Auch innerhalb der Mikrodomäne entsteht beim Vorliegen von vier Domänen eine Fehlpassung. Diese wurde berechnet zwischen Nanodomäne 1 und 4 und liegt bei 0,91° für das monokline Gitter und bei 1,23° für das rhomboedrische Gitter. Auch die Unebenheit der Mikrodomänenwand ist für das rhomboedrische Gitter größer. Somit scheint eine monokline Verzerrung in dieser Konfiguration günstiger.

Auch eine Kombination von {100}- und {110}-Spiegelzwillingen wäre denkbar. Diese Domänenkonfiguration innerhalb der Mikrodomäne würde ebenfalls die Symmetrie 4mm besitzen [119].

4 Domänenmodelle und Reflexaufspaltung

	MDW1	MDW2	MDW3	MDW4
MDW1	0°	0,14°	0,36°	0,73
MDW2	0,14°	0°	0,33	0,86°
MDW3	0,36°	0,33	0°	0,79°
MDW4	0,73°	0,86°	0,79°	0°

Tabelle 4.3: Winkel zwischen den Mikrodomänenwänden (MDW) in (110) für vier Nanodomänen mit Nanodomänenwänden in (001) und (010) entsprechend Abbildung 4.5 (b). Die Werte wurden mit den monoklinen Gitterparametern, $a = 5,754, b = 5,731, c = 4,103$ und $\beta = 90,47°$ berechnet. Die Fehlpassung innerhalb der Mikrodomäne beträgt 0,91°.

	MDW1	MDW2	MDW3	MDW4
MDW1	0°	0,07°	0,3°	0,93°
MDW2	0,07°	0°	0,3°	0,92°
MDW3	0,3°	0,3°	0°	0,87°
MDW4	0,93°	0,92°	0,87°	0°

Tabelle 4.4: Winkel zwischen den Mikrodomänenwänden (MDW) in (110) für vier Nanodomänen mit Nanodomänenwänden in (001) und (010) entsprechend Abbildung 4.5 (b). Die Werte wurden mit den rhomboedrischen Gitterparametern, $a = 4,079$ Å und $\alpha = 89,69°$ berechnet. Die Fehlpassung innerhalb der Mikrodomäne beträgt 1,23°.

{100}-Rotationszwillinge

Mit Nanodomänenwänden nur in (100) senkrecht zur tetragonalen Polarisation können sich mit 90°-Rotationszwillingen alle vier möglichen <vuu> Polarisationsrichtungen in einer Mikrodomäne ausbilden. Eine Fehlpassung innerhalb der Mikrodomäne entsteht so nicht. In den Nanodomänenwänden werden durch das $\frac{a}{b}$-Verhältnis von 1,004 (monoklin) bzw. 1,0054 (rhomboedrisch) jedoch Spannungen verursacht. Bei 180°-Rotationen sind die Nanodomänenwände kohärent, es können dann aber nur zwei verschiedene Nanodomänen entstehen. Letztere Anordnung entspricht bei rhomboedrischer Verzerrung dem Nanodomänenmodell von Y. U. Wang zur Entstehung von Reflexen einer adaptiven Phase vom Typ M_A. Für monokline Verzerrung ist dies das von Asada und Koyama [15] vorgeschlagene Modell. Die $[001]_4$-Nanodomänen mit der 90°-Rotation können auch den grauen Kontrast in den Dun-

4.3 Monokline Domänen

kelfeldbildern erklären, da die zusätzliche Polarisationskomponente in einigen Domänen parallel zum Strahl orientiert ist. Dies würde keinen Kontrast in Dunkelfeldabbildungen erzeugen. Asada und Koyama [15] hatten aufgrund des fehlenden Kontrastes auf eine Koexistenz von monokliner und tetragonaler Phase innerhalb der Mikrodomäne geschlossen.

Die Mikrodomänenwand besteht für beide Fälle bei symmetrischer Anordnung der Nanodomänen aus Streifen vom Typ 11 und 33. Die Winkel zwischen Normalenvektoren der einzelnen Bereiche, die die Mikrodomänenwand bilden, ausgehend von 90°-Rotationszwillingen sind in Tabelle 4.5 und Tabelle 4.6 für monokline bzw. rhomboedrische Nanodomänen angegeben. Die Winkel für den kohärenten Fall von 180°-Rotationszwillingen können ebenfalls den Tabellen entnommen werden. Das sind die Matrixelemente 13 bzw. 24. Für diese Nanodomänenkonfiguration besteht kein nennenswerter Unterschied zwischen den Modellen mit rhomboedrischer und monokliner Verzerrung.

	MDW1	MDW2	MDW3	MDW4
MDW1	0°	0,16°	0,34°	0,37°
MDW2	0,16°	0°	0,37	0,34°
MDW3	0,34°	0,37	0°	0,16°
MDW4	0,37°	0,34°	0,16°	0°

Tabelle 4.5: Winkel zwischen den Mikrodomänenwänden (MDW) in (110) für vier monokline Nanodomänen aufgrund einer vierzähligen Rotation um c* in [100] (vgl. Abbildung 4.7 (c) mit zwei Nanodomänen.). Die Winkel für die zweizählige Rotation entsprechen den Winkeln zwischen MDW1 (Mikrodomänenwand 1) und MDW3 bzw. MDW2 und MDW4. Die Berechnung erfolgte mit den Gitterparametern $a = 5,754, b = 5,731, c = 4,103$ und $\beta = 90,47°$.

4 Domänenmodelle und Reflexaufspaltung

	MDW1	MDW2	MDW3	MDW4
MDW1	0°	0,22°	0,3°	0,37°
MDW2	0,22°	0°	0,37	0,3°
MDW3	0,3°	0,37	0°	0,22°
MDW4	0,37°	0,30°	0,22°	0°

Tabelle 4.6: Entspricht Tabelle 4.5 mit einer rhomboedrischen Verzerrung von $\alpha = 89,69°$ innerhalb der Nanodomänen.

4.3.4 $R3m \to Cm$

Beim Phasenübergang $R3m \to Cm$ gehen zwei der drei $\{110\}$-Spiegelebenen und die dreizählige Achse in deren Schnittlinie verloren. Die Ordnung des Übergangs

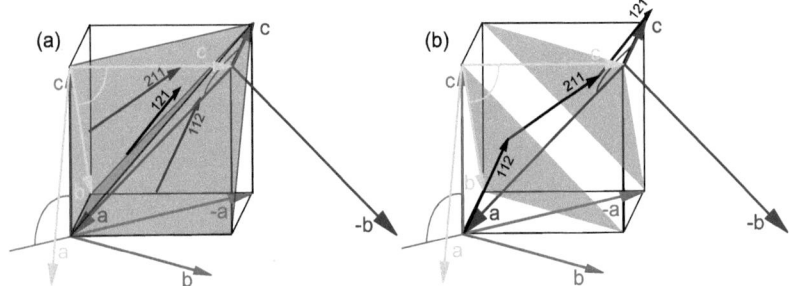

Abbildung 4.8: Monokline Domänen, wie sie in einer rhomboedrischen Domäne entstehen können. (a) $\{110\}$-Spiegelzwillinge (b) $\{111\}$-Rotationszwillinge.

ist 3 und so können sich drei verschiedene Domänen ausbilden. Zum einen Spiegelzwillinge in den $\{110\}$-Ebenen, wie sie in Abbildung 4.8 (a) dargestellt sind. Die resultierende Nanodomänenkonfiguration hat die Symmetrie 3m [119]. Die zweite Möglichkeit ist die Ausbildung von 120° Rotationszwillingen mit Kontaktflächen in (111) bzw. $(201)_m$ (Abbildung 4.8 (b)). Damit die Kontaktfläche kohärent ist, müssen die drei monoklinen Vektoren, die diese Ebene aufspannen, gleich lang sein.

$$||[1\bar{1}2]|| = ||[112]|| = ||[020]|| \tag{4.2}$$

4.3 Monokline Domänen

Daraus folgt:

$$\cos\beta = \frac{3 \cdot b^2 - a^2 - 4 \cdot c^2}{4 \cdot a \cdot c} \quad (4.3)$$

Das ist eine Bedingung für drei Parameter. Ist ein Parameter vorgegeben, sind die Abhängigkeiten der anderen beiden bestimmt. In Tabelle 4.7 sind die über Gleichung 4.3 berechneten Werte für β und b fett gedruckt dargestellt. Die übrigen drei Parameter wurden entsprechend Abschnitt 4.2 festgehalten. Es fällt auf, dass die mittels Röntgenbeugung bestimmten monoklinen Gitterparameter [4] ($a = 5,754, b = 5,731, c = 4,103$ und $\beta = 90,47°$) diese Bedingung nicht erfüllen.

	a [Å]	b [Å]	c [Å]	beta [°]
(a)	5,754	5,731	4,103	**91,16**
(b)	5,754	**5,764**	4,103	90,47

Tabelle 4.7: Mögliche Gitterkonstanten in einer $(\bar{2}01)_m$-Domänenwand. Der fett gedruckte Wert wurde über Gleichung 4.3 berechnet.

4.3.5 Monokline Nanodomänen in rhomboedrischen Mikrodomänen

Mit beiden Arten von Domänenwänden ließe sich das von Corker *et al.* [56] vorgeschlagene Modell mit einer gemittelten Polarisation in [111] realisieren. Die diffuse Streuung in Elektronenbeugungsbildern wurde so interpretiert, dass die Domänen eine längliche Ausdehnung in <111> besitzen sollten [62]. Dies spricht für das Modell in Abbildung 4.8 (a). Das Modell (b) scheint auch durch die inkohärenten Domänenwände ungünstiger. Jedoch würde durch die Rotationszwillinge keine Fehlpassung innerhalb der Mikrodomäne entstehen. Für Spiegelzwillinge in {110} beträgt der Öffnungswinkel 0,85° im Falle monokliner Nanodomänen und 1,53° im Falle tetragonaler Nanodomänen mit $\frac{c}{a} = 1,02$. Diese Fehlpassung ist der Nachteil der Spiegelzwillinge. Zudem sind die Unebenheiten der (110)-Mikrodomänenwand (Tabelle 4.8) bzw. der (100)-Mikrodomänenwand (Tabelle 4.9) im Fall von Rotationszwillingen mit Wänden in {111}-geringer.

Die Gesamtkonfigurationen sind in Abbildung 4.9 (a) und (c) für 71°-Domänen bzw. (b) und (d) für 109°-Domänen dargestellt, einmal mit {110}-Nanodomänenwänden

4 Domänenmodelle und Reflexaufspaltung

{110}	MDW1	MDW2	MDW3	[111]	MDW1	MDW2	MDW3
MDW1	0°	0,6°	0,98°	MDW1	0°	0,43°	0,43°
MDW1	0,6°	0°	1,2°	MDW1	0,43°	0°	0,17°
MDW1	0,98°	1,2°	0°	MDW1	0,43°	0,17°	0°

Tabelle 4.8: Winkel zwischen den Ebenen der einzelnen Nanodomänen, die eine 71°-Mikrodomänenwand (MDW) in $\approx$ (110) darstellen. (links) {110}-Spiegelzwillinge und (rechts) [111]-Rotationszwillinge. Monokline Gitterparameter: $a5,754, b = 5,731, c = 4,103$ und $\beta = 90,47°$.

{110}	MDW1	MDW2	MDW3	{111}	MDW1	MDW2	MDW3
MDW1	0°	0,59°	0,84°	MDW1	0°	0,51°	0,23°
MDW1	0,59°	0°	0,59°	MDW1	0,51°	0°	0,51°
MDW1	0,84°	0,59°	0°	MDW1	0,23°	0,51°	0°

Tabelle 4.9: Wie Tabelle 4.8 doch diesmal für eine 109°-Mikrodomänenwand in (100).

(a) und (b) und einmal für {111}-Nanodomänenwände (c) und (d). Die (110)-Mikrodomänenwand besteht aus den schon bekannten Bereichen 33 und (110)ht, wie sie infolge des Übergangs $P4mm \to Cm$ auftreten, diesmal nur in *head to tail* (ht)-Anordnung. Auch die Bereiche in der (100)-Wand sind schon bekannt. Es treten (100)ht- und [100]$_2$-Bereiche auf.

4.3 Monokline Domänen

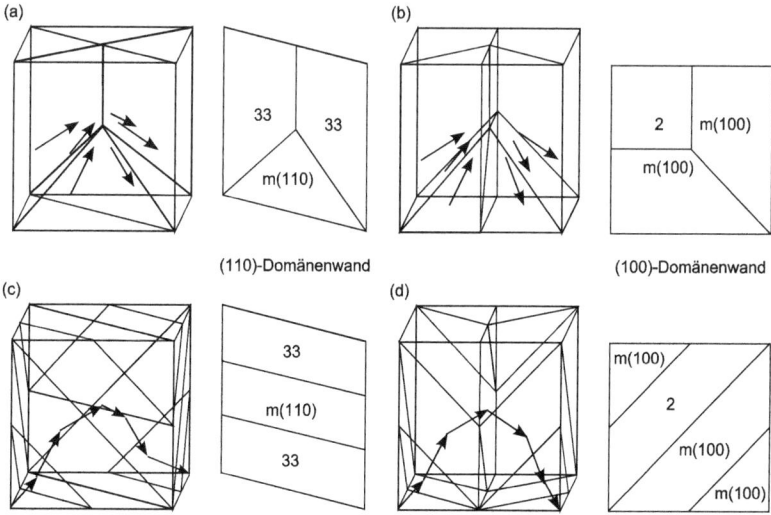

Abbildung 4.9: Modell für monokline Nanodomänen innerhalb rhomboedrischer 71°-Domänen (a) und (c) bzw. 109°-Domänen (b) und (d). Die 109°-Wand besteht aus Bereichen, die alle innerhalb einer tetragonalen Domäne erlaubte monokline Domänenwände sind. Bei der 71°-Wand kommen noch Bereiche hinzu, die durch die Ausbildung von Nanodomänen an einer 90°-Wand entstehen (vgl. Abschnitt 4.3.2).

… Domänenmodelle und Reflexaufspaltung

5 Symmetrie von Domänen in $PbZr_{1-x}Ti_xO_3$

Die Symmetrie einzelner Domänen soll in dieser Arbeit mit CBED untersucht werden. In Abbildung 2.10 sind die für morphotropes PZT in Frage kommenden Strukturmodelle der Phasen $R3m$, Cm und $P4mm$ dargestellt. Da alle drei unterschiedlichen Punktgruppen angehören, ist eine Unterscheidung der Punktgruppen $3m$, m und $4mm$ ausreichend. Für diese zeigt Abbildung 5.1 die stereographischen Projektionen, aus denen ersichtlich ist, welche Zonenachsensymmetrien die verschiedenen pseudokubischen Richtungen[1] besitzen. Es sind nur die höchst symmetrischen Pole <100>, <110> und <111> eingezeichnet. Die für diese Richtungen auftretenden Symmetrien sind in Tabelle 5.1 zusammengefasst. Spiegelebenen vom Typ {100}

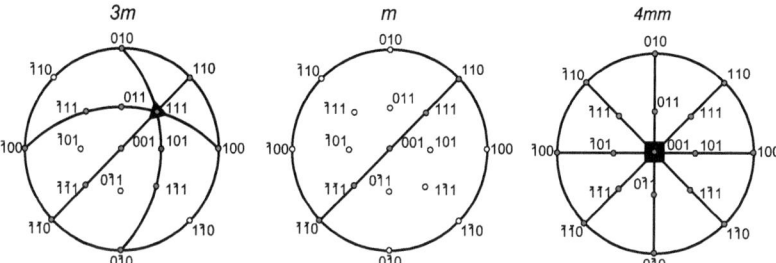

Abbildung 5.1: Symmetrieelemente für die drei Punktgruppen dargestellt in der stereographischen Projektion. Zonenachsen mit Symmetrie sind durch ausgefüllte Kreise markiert, Zonenachsen ohne Symmetrie durch leere Kreise.

---

[1] Auch in diesem Kapitel sind die Richtungen und Ebenen pseudokubisch indiziert. Teilweise wurde eine monokline Indizierung gewählt, die dann aber durch ein tiefgestelltes m gekennzeichnet ist.

5 Symmetrie von Domänen in $PbZr_{1-x}Ti_xO_3$

$<uvw>$	$3m$	m	$4mm$
$<100>$	$m_{(\bar{1}10)}$	1 oder $m_{(\bar{1}10)}$	$4mm$ oder $m_{(100)}$
$<110>$	1 oder $m_{(\bar{1}10)}$	1 oder $m_{(\bar{1}10)}$	$m_{(\bar{1}10)}$ oder $m_{(100)}$
$<111>$	$3m$ oder $m_{(\bar{1}10)}$	1 oder $m_{(\bar{1}10)}$	$m_{(\bar{1}10)}$

Tabelle 5.1: Zonenachsensymmetrien der pseudokubischen $<100>$, $<110>$ und $<111>$ Richtungen für die drei Punktgruppen 3m, m und 4mm.

sind nur in der tetragonalen Struktur vorhanden. Damit ist die tetragonale Phase anhand dieser in $<100>$-Beugungsbildern eindeutig zu identifizieren. Die vierzählige Achse ist seltener zu finden. Diese ist nur für ac-Domänen in jeder zweiten Domäne parallel zum Strahl orientiert. In $<110>$-Beugungsbildern kann sowohl eine {100}- als auch eine {110}-Spiegelebene auftreten. Alle $<111>$-Zonenachsen besitzen ebenfalls eine Spiegelebene in {110}.

Da dies die gemeinsame Spiegelebene aller drei Strukturen ist, kann dies die Untersuchung weiterer benachbarter Domänen erfordern. So ist eine eindeutige Identifizierung rhomboedrischer Symmetrie nur anhand der dreizähligen Achse möglich. Diese ist, wie die vierzählige Achse, nur in Domänen mit geneigten Domänenwänden zu finden. Eine Unterscheidung von der monoklinen Symmetrie ist jedoch auch in $<100>$-Richtung möglich. Für rhomboedrische Symmetrie ist in allen $<100>$-Richtungen eine {110}-Spiegelebene zu beobachten. Für monokline Symmetrie ist dies nur für [001] der Fall. Für einige der im vorigen Kapitel vorgestellten Zwillingsoperationen für monokline Domänen bleibt jedoch die c-Richtung erhalten. Somit hängt es zudem von dieser Zwillingsoperation ab, ob die Zonenachsensymmetrie 1 in einer Domäne beobachtet werden kann. Das gleiche gilt für $<111>$-Zonenachsen. Nur die $<110>_m$-Zonenachsen[2] besitzen die Symmetrie m. Die Zonenachsensymmetrie der $<011>_m$-Richtungen ist 1.

Prinzipiell sollten als Schlussfolgerung dieser Überlegungen benachbarte Domänen untersucht werden, um die Symmetrien eindeutig nachzuweisen. Zudem führt dies zu einem Verständnis der vorliegenden Domänenkonfiguration. Anhand dieser können über die Gruppe-Untergruppe-Beziehungen Rückschlüsse auf Phasenübergänge gezogen werden. Im Folgenden werden für die Zusammensetzungen PZT 60/40 bis PZT 45/55 die beobachteten Symmetrien und Domänenkonfigurationen diskutiert.

---

[2]Das tiefgestellte m kennzeichnet die monokline Indizierung. Ansonsten wird die pseudokubische Indizierung verwendet.

Um sicher zu stellen, dass nur einzelne Domänen durchstrahlt werden, wurden die Domänen entsprechend ausgewählt. Dafür muss zwischen zwei benachbarten, auf die Bildebene projizierten Domänenwänden ein Bereich, der breiter als der verwendete Strahldurchmesser ist, verbleiben. Dies entspricht der Länge x in Abbildung 5.2 [38]. Mit der Domänenbreite y, der Probendicke z und dem Neigungswinkel $\phi \neq 90°$ der

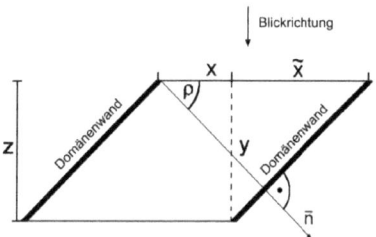

Abbildung 5.2: Geometrischer Zusammenhang zwischen Probendicke z, Domänenbreite y, Neigungswinkel ϕ der Domänenwand und der Breite x des Bereichs, in dem eine Domäne einzeln durchstrahlbar bleibt [38].

Domänenwand aus der Strahlrichtung ist dies gegeben für:

$$\frac{y}{\cos \phi} - z \cdot \tan \rho > Strahldurchmesser \qquad (5.1)$$

Dies ergibt bei einer Probendicke von 50 nm und um 45° geneigten Wänden und einem Strahldurchmesser von 12,5 nm eine notwendige Domänenbreite von 45 nm. Somit ist eine Untersuchung von Domänen mit geneigten Wänden, die für den Nachweis bestimmter Symmetrieelemente notwendig ist, nur für relativ breite Domänen möglich. Für parallel zum Strahl orientierte Domänenwände ist alleine der Strahldurchmesser der einschränkende Faktor. Die zur Dokumentation der Strahlposition aufgenommenen Doppelbelichtungsaufnahmen bestätigten den angegebenen Wert des Strahldurchmessers. Falls der Strahldurchmesser auf den Aufnahmen größer wirkt, ist dies durch eine zu lang gewählte Belichtungszeit bedingt. Sofern nicht gesondert erwähnt, wurde ein Durchmesser von 10 bzw. 12,5 nm verwendet.

5 Symmetrie von Domänen in $PbZr_{1-x}Ti_xO_3$
5.1 PZT 60/40

PZT 60/40 ist die Probe mit dem höchsten Zr-Gehalt auf der rhomboedrischen Seite, die in dieser Arbeit untersucht wurde. Diese Zusammensetzung kann als rhomboedrische Referenzprobe der $R3m$ Phase betrachtet werden, da ab $x \leq 0,38$ PZT bei Zimmertemperatur in der $R3c$ Phase vorliegt [57]. Abbildung 5.3 zeigt eine Hellfeldabbildung einer Domänenkonfiguration in der Probe 60/40. Die Zonenachse wurde als [111] indiziert mit nach rechts weisendem [1̄10]-Vektor. Dies erlaubt die Bestimmung der Orientierung der Domänenwände in einem übergeordneten Koordinatensystem. Die Orientierung der Domänenwände kann aus dem defokussierten Beugungsbild und dem Kontrast im Hellfeld bestimmt werden. Die Orientierung der Domänenwand zwischen 1 und 2 lässt sich am einfachsten bestimmen, da sie parallel zum Strahl (*edge on*) orientiert ist und in [2̄11]-Richtung verläuft. Damit handelt es sich um eine (01̄1)-Ebene. Die Domänenwand zwischen Domäne 1 und 4 weist einen relativ breiten δ-Streifenkontrast auf und verläuft in [1̄10] Richtung. Es handelt sich demnach um eine Domänenwand in der (110)-Ebene. Diese ist um 54° aus der Zonenachse geneigt, was den breiten δ-Streifenkontrast erklärt. Der δ-Streifen Kontrast zwischen 2 und 3 ist im Vergleich dazu schmäler. Eine Wand in der (001)-Ebene verläuft ebenso in [1̄10], ist aber nur um 35° gegenüber der Zonenachse geneigt. Die Domänenwand zwischen 3 und 4 zeigt einen ähnlich breiten Kontrast wie die Domänenwand zwischen 1 und 4. Somit sollte sie in der (011)-Ebene liegen. Die möglichen Polarisationsrichtungen ergeben sich aus der Orientierung der Spiegelebenen in den konvergenten Beugungsbildern. Die Spiegelebene im Beugungsbild von Domäne 1 ist die (1̄10)-Ebene. Mit der Domänenwand 1|2 in (01̄1) kommen nur [111̄] oder [1̄1̄1] in Frage. Die Polarisation von Domäne 2 ergibt sich entsprechend oder aus der Zwillingsoperation. Ohne den Vergleich mit Simulationen ist nur die Polarität unbestimmt. In Abbildung 5.3 ist eine Skizze mit einer der möglichen Anordnungen zu sehen. Die Domänenkonfiguration besteht aus {110}- und {100}-Wänden. Eine der Wände muss eine *head to head*- bzw. *tail to tail*-Wand sein. Gewählt wurde die Wand zwischen Domäne 2 und 3, da es sich um eine (001) Ebene handelt und somit die antiparallele Komponente möglichst klein ist[3]. Der Domänenkonfiguration folgend sollte die Polarisation in Domäne 4, die nur geneigte Domänenwände besitzt, parallel zur Zonenachse sein. Demnach sollte eine dreizählige Symmetrie im Beugungsbild zu beobachten sein. Die Symmetrie innerhalb der

---
[3]In *head to head*-Anordnung beträgt der Winkel zwischen den Polarisationen 71°.

5.1 PZT 60/40

nullten Laue-Zone (ZOLZ) entspricht keiner dreizähligen Symmetrie und wirkt im Vergleich zu den anderen Domänen gestörter. Ein Vergleich der Intensitäten der ersten Laue Zonen (FOLZ) für alle vier Domänen zeigt jedoch einen deutlichen Unterschied für Domäne 4. Die Symmetrie ist dreizählig, jedoch sind die Intensitäten der ersten Laue Zone für Domäne 4 deutlich geringer als für Domäne 3. Innerhalb der FOLZ von Domäne 3 sind die Spiegelebene und die Polare Achse gut zu erkennen. Reflexe mit Beugungsvektoren parallel zur Spiegelebene besitzen mehr Intensität als Reflexe mit Beugungsvektoren senkrecht zur Spiegelebene. In Abbildung 5.3 ist die Zonenachse von Domäne 3 eingestellt und ein Kontrast innerhalb der Domäne zu erkennen. Am stärksten ausgeprägt ist dieser Kontrast in $[0\bar{1}1]$ Richtung senkrecht zu der beobachteten Spiegelebene in dieser Domäne.

Die dreizählige Symmetrie konnte an einer anderen Probe, mit zusätzlich zum *zone axis pattern* (ZAP) aufgenommenen Dunkelfeldbeugungsbildern (DPs), deutlicher nachgewiesen werden. In Abbildung 5.4 sind ZAP und DPs von zwei benachbarten Domänen zu sehen. Die Bilder sind folgendermaßen aufgeteilt: Zentriert in der Mitte ist die nullte Laue Zone (ZOLZ) des ZAPs zu sehen. Dies wird im folgenden *projected whole pattern* (*proj. WP*) genannt. Um das *proj WP* herum, in Richtung des Beugungsvektors, sind die DPs mit den Reflexen in Bragg-Bedingung angeordnet. Den Hintergrund bildet das *Whole Pattern* (WP) mit der ersten Laue Zone in Negativ Darstellung. Wieder ist die FOLZ-Intensität für die dreizählige Achse geringer. Durch Bildnachbearbeitung konnten die drei Spiegelebenen im WP verdeutlicht werden. Die Spiegelebenen konnten durch DPs mit den drei entsprechenden Strahlverkippungen bestätigt werden. Alle drei Dunkelfeldscheiben besitzen eine ähnliche Intensitätsverteilung. Die Spiegelsymmetrie ist in allen erkennbar, auch wenn geringe Abweichungen existieren. Die dreizählige Symmetrie ist allein aus dem *proj. WP* schwer zu erkennen. Dabei ist die Einstrahlrichtung exakt justiert. Dies ist an der Intensitätsverteilung innerhalb der Primärstrahlscheibe zu erkennen. Die vertikale Spiegelebene von Domäne 2 ist deutlicher zu erkennen. Auch für diese Domäne besitzen FOLZ-Reflexe mit Beugungsvektor senkrecht zur Spiegelebene eine deutlich geringere Intensität als die Reflexe, deren Beugungsvektoren annähernd parallel zur Spiegelebene liegen.

Diese beiden Domänen wurden noch ein weiteres Mal im JEOL 2010 FEF [111], ausgestattet mit einer Feldemissionskathode (FEG) und einem Ω-Energiefilter, untersucht. Der Strahldurchmesser wurde dabei auf 1 nm eingestellt, und mit Hilfe des Energiefilters wurde der Plasmonenpeak aus dem Spektrum eliminiert. Dadurch wird

5 Symmetrie von Domänen in $PbZr_{1-x}Ti_xO_3$

der Untergrund stark reduziert (vgl. Abbildung 5.5). So sind mehr Reflexe in der nullten Laue Zone im Vergleich zur Aufnahme ohne Energiefilter zu erkennen. Auch die erste Laue Zone zeichnet sich deutlicher vom Untergrund ab, und innerhalb der FOLZ-Reflexe zeichnen sich Details ab. Dies ist möglicherweise ein Grund, warum im Vergleich zur Aufnahme mit LaB_6-Kathode und einem Strahldurchmesser von 10 nm ein deutlicherer Symmetriebruch beobachtet wurde. Eine andere mögliche Ursache ist das deutlich kleinere untersuchte Probenvolumen. Dieses verringert sich durch die Reduzierung des Strahldurchmessers auf 1 nm auf ein Hundertstel des Volumens, das mit einem Strahldurchmesser von 10 nm durchstrahlt wird. Die Theorien von Glazer *et al.* [62] und von Grinberg *et al.* [100], nach denen die rhomboedrische Symmetrie nur der mittleren Symmetrie entspricht, können diese Beobachtung erklären. Ein einfaches Modell zur Entstehung der mittleren Symmetrie in Beugungsbildern zeigt Abbildung C.1 im Anhang. Zwei Bilder wurden übereinandergelegt und das obere um 90° gedreht bzw. an ($\bar{1}01$) gespiegelt und mit einer Transparenz versehen. Für eine Transparenz von 50 % ist im resultierenden Bild die mittlere Symmetrie zu sehen, nicht aber die Symmetrie der einzelnen Bilder. Die mittlere Symmetrie entspricht der Transformation, die auf das Bild angewandt wurde.

Während des Mikrokopierens veränderte sich das Beugungsbild ohne eine Veränderung der Einstellungen des Mikroskops. Dies könnte durch leichte Schwankungen in der Strahlposition hervorgerufen werden. Bei dem kleinen Strahldurchmesser von einem Nanometer, kann sich das durchstrahlte Volumen dadurch stark ändern. Somit würden sich auch die Phasenanteile der Nanodomänen ändern, was zu den beobachteten Fluktuationen in der Intensitätsverteilung führen kann. Letztendlich kann eine Probenschädigung unter dem intensiveren Strahl der FEG nicht vollständig ausgeschlossen werden. In der Abbildung waren, im Anschluß an die konvergente Beugung, an den untersuchten Positionen keine Auffälligkeiten zu beobachten.

5.1 PZT 60/40

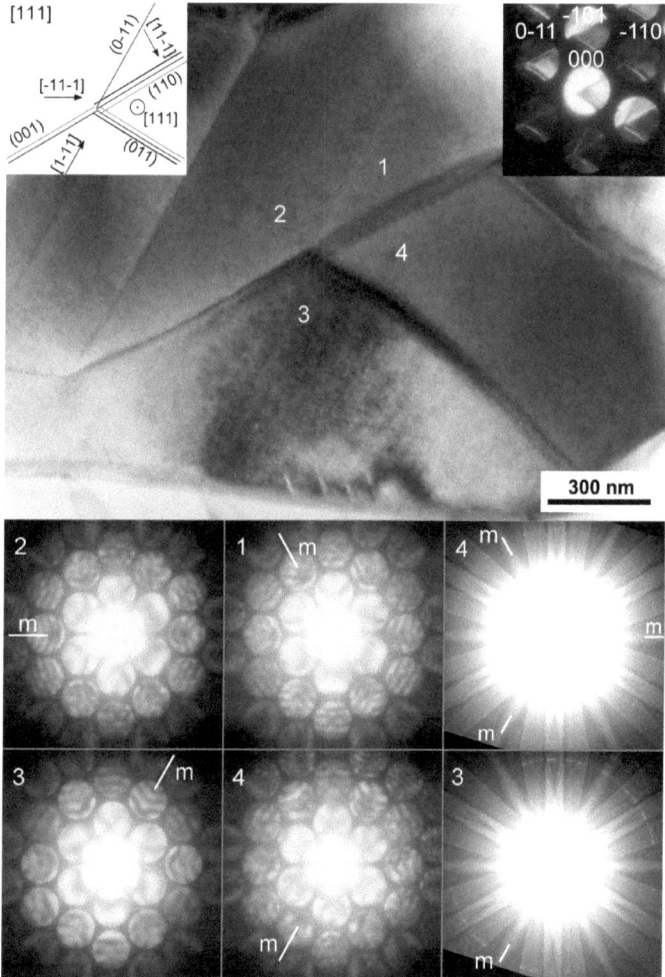

Abbildung 5.3: Domänenkonfiguration in PZT 60/40. Das Modell basiert auf den beobachteten Orientierungen der Domänenwände und der Spiegelebenen in den konvergenten Beugungsbildern. Die FOLZ-Intensität von 4 ist deutlich geringer als die von Domäne 3 und lässt die dreizählige nur schwer erkennen.

5 Symmetrie von Domänen in PbZr$_{1-x}$Ti$_x$O$_3$

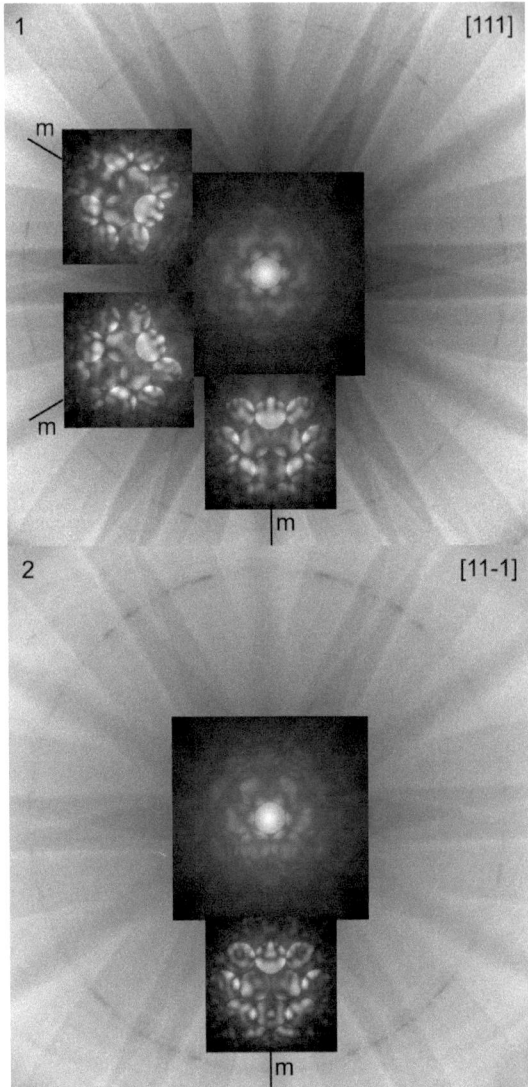

Abbildung 5.4: <111>-Beugungsbilder, aufgenommen mit einem Strahldurchmesser von 10 nm, zweier benachbarter Domänen in PZT 60/40 zeigen die Zonenachsensymmetrien $3m$ (1) und m (2). Die $\{11\bar{2}\}$-DPs sind entsprechend ihres Beugungsvektors angeordnet.

5.1 PZT 60/40

Abbildung 5.5: Bei Verwendung eines Strahldurchmessers von 1 nm und eines Energiefilters zeigen die Beugungsbilder der selben Domänen wie in Abbildung 5.4 deutlichere Abweichung von den Symmetrien $3m$ und m.

5 Symmetrie von Domänen in $PbZr_{1-x}Ti_xO_3$

5.1.1 Korngrenze

Für die Probe PZT 60/40 wurde eine Korngrenze beobachtet, bei der beide Körner eine gemeinsame Zonenachse in [111] besitzen. Damit kann diese als eine Kippkorngrenze beschrieben werden. In dem über die Korngrenze hinweg aufgenommenen Beugungsbild (Abb. 5.6 (a)) ist zu sehen, dass die $\bar{1}23$-Reflexe beider Körner zusammenfallen. Damit besteht ein Koinzidenzgitter in der Korngrenze. Dieses Koin-

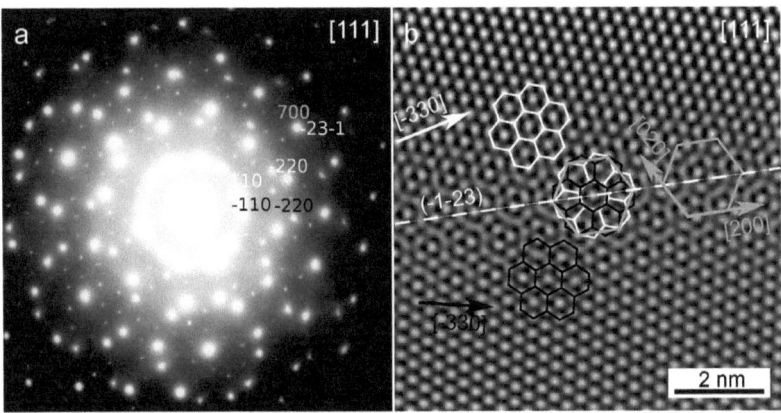

Abbildung 5.6: $\sum 7$ Korngrenze in PZT 60/40. (a) Die $\{\bar{1}23\}$-Reflexe beider Körner fallen zusammen. Zusätzlich sind Überstrukturreflexe vom Typ $\frac{1}{7}\{\bar{1}23\}$ zu beobachten. (b) Das Koinzidenzgitter (grau) ergibt sich aus der Überlagerung der beiden Gitter (weiß und schwarz). Der gemessene Winkel zwischen $[\bar{1}10]$ in beiden Körnern beträgt 22,8°.

zidenzgitter erzeugt auch Überstrukturreflexe im Beugungsbild.

In Abbildung 5.6 (b) ist das hochauflösende TEM-Bild der Korngrenze zu sehen. Für beide Körner ist das Gitter in Form von zentrierten Sechsecken eingezeichnet. Das Gitter von Korn 2 (gelb) ist gegenüber dem von Korn 1 (grün) um 22,8° um die Zonenachse [111] verdreht. Eine Überlagerung von beiden Gittern ergibt das Koinzidenzgitter, das sieben primitive Zellen enthält. Der Index des Koinzidenzgitters ist damit 7, da einer von 7 Gitterpunkten erhalten bleibt [118]. Die Basisvektoren des (ebenen) Koinzidenzgitters sind ebenfalls Abbildung 5.6 (b) zu entnehmen. Diese sind $[\bar{1}10] + \frac{1}{3}[\bar{2}11] = \frac{1}{3}[\bar{5}41]$ und $[0\bar{1}1] + \frac{1}{3}[1\bar{2}1] = \frac{1}{3}[1\bar{5}4]$. Mit diesem Gitter lassen

5.1 PZT 60/40

sich die im Beugungsbild (Abb. 5.6 (a)) sichtbaren Überstrukturreflexe vom Typ $\frac{1}{7}\{\bar{1}23\}$ erklären. Die gemeinsamen Reflexe beider Körner sind 700-Reflexe des Koinzidenzgitters.

Die Korngrenze liegt in Abbildung 5.6 (b) ebenfalls nahezu in der $(\bar{1}23)$-Ebene, die die Winkelhalbierende zwischen den $[\bar{1}10]$-Richtungen in beiden Körnern darstellt. Somit lässt sich die Beziehung beider Körner auch über eine Spiegelung an dieser Ebene beschreiben. Dies ergibt einen Winkel von 21,8°, in aktzeptabler Übereinstimmung mit dem gemessenen Wert.

In der Nähe der Korngrenze sind Zig-Zag Domänen zu beobachten (vgl. Abbildung 5.7 (a)). Aufgrund der Form der Domänen müssen die Domänenwände in von $\{110\}$

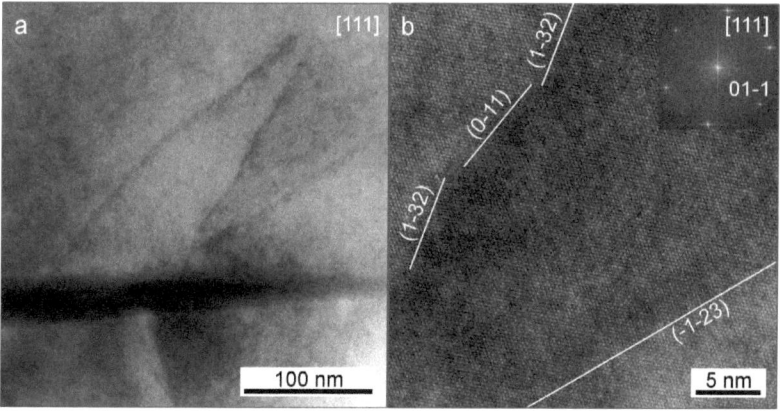

Abbildung 5.7: (a) In der direkten Umgebung der Korngrenze sind Zig-Zag Domänen zu beobachten. Die Mittellinie dieser Domänen verläuft in etwa parallel zur $(0\bar{1}1)$-Ebene. Die Domänenwände selbst weichen von dieser Richtung ab, sind aber parallel zum Strahl in [111]. In der hochauflösenden Aufnahme (b) kann man den Wänden $(\bar{1}23)$- und $(1\bar{3}2)$-Ebenen zuordnen, wobei in manchen Bereichen die Domänenwand in der $(0\bar{1}1)$-Ebene liegt.

abweichenden Ebenen liegen. Die Mittellinie der Domänen verläuft jedoch nahezu parallel zu $(0\bar{1}1)$. In der hochauflösenden Aufnahme (Abb. 5.7 (b)) ist zu erkennen, dass die Domänenwände in großen Bereichen in $(1\bar{3}2)$- und $(\bar{1}23)$-Ebenen liegen. Dies ist auch die Kontaktfläche der Kippwinkelkorngrenze und scheint für rhom-

97

5 Symmetrie von Domänen in PbZr$_{1-x}$Ti$_x$O$_3$

boedrisches PZT eine günstige Ebene für Grenzflächen darzustellen. So können die Zig-Zag-Domänen mit dem Modell von Randall *et al.* [66] zur Vermeidung von *head to head*-Domänenwänden erklärt werden. Die Zig-Zag-Domänen vermeiden in diesem Fall eine *head to head*-Domänenwand in (100). Die Abweichung der Domänenwände von der idealen Zwillingsebene in (0$\bar{1}$1) ist für die (1$\bar{3}$2)- und ($\bar{1}$2$\bar{3}$)-Ebenen gering. Dies ist in Abbildung 5.8 skizziert. Bereiche, in denen die Domänenwand in (0$\bar{1}$1) liegt, sind in der Hochauflösung ebenfalls erkennbar.

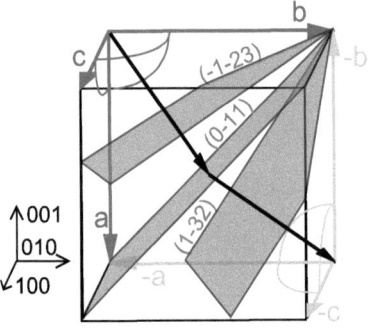

Abbildung 5.8: Schematische Darstellung der {12$\bar{3}$}-Ebenen als Abweichung von der (0$\bar{1}$1)-Ebene.

5.2 PZT 57,5/42,5

Für diese Zusammensetzung wurden entlang <100> {$\bar{1}$10}-Spiegelebenen entsprechend rhomboedrischer Symmetrie beobachtet. Die Domänenkonfiguration ist ungeordneter im Vergleich zur Probe PZT 60/40. Es treten vermehrt Domänenwände auf, deren Orientierung von den Zwillingsebenen abweicht. Auch ein starker Kontrast innerhalb der Domänen ist zu beobachten.

5.3 PZT 56/44

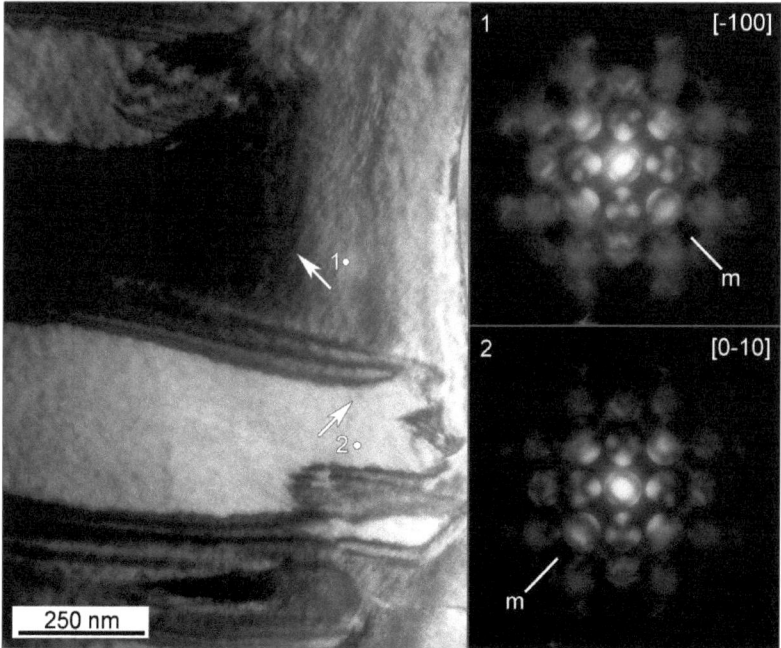

Abbildung 5.9: 71°-Domänenwand in der Probe PZT 56/44. Die geneigte Domänenwand zeigt deutliche δ-Streifen und verläuft nahezu horizontal in [100]-Richtung. In beiden Domänen ist eine {110}-Spiegelebene zu beobachten, deren Orientierung sich um 90° ändert.

5.3 PZT 56/44

Die Untersuchungen an der Probe PZT 56/44 wurden entlang von <100>-Zonenachsen durchgeführt. In den meisten Domänen konnte eine {110}-Spiegelebene nachgewiesen werden, wie es rhomboedrischer Symmetrie entspricht. Die Domänen sind oft keilförmig und enden in einer oder mehreren Spitzen. Die Orientierung der Domänenwände weicht somit häufig von der idealen Orientierung in {110}- bzw. {100}-Ebenen ab. Dies wurde bereits von Ricote et al. als charakteristisch für rhomboedrisches PZT beschrieben, allerdings für die $R3c$ Phase. Eine ähnliche Beobachtung ist in Abbildung 5.9 zu sehen. Die Domänen mit hellem Kontrast enden in mehreren Spitzen vor der Korngrenze am rechten Bildrand. Die Domänenwände verlaufen nur

5 Symmetrie von Domänen in $PbZr_{1-x}Ti_xO_3$

annähernd horizontal in [100]-Richtung. Trotzdem sind sie anhand der δ-Streifen als geneigte {110}-Wände zu identifizieren. Die konvergenten Beugungsbilder beider Domänen zeigen eine {110}-Spiegelebene. Diese beiden Spiegelebenen sind um 90° gegeneinander verdreht. Diese Beobachtung ist nur für rhomboedrische 71°-Domänen möglich. Die monokline c-Achse müsste durch die Zwillingsoperation der geneigten Domänenwand in einer der beiden Domänen senkrecht zur Zonenachse orientiert sein. Für diese Domäne wäre nur die Zonenachsensymmetrie 1 zu beobachten. Da beide Beugungsbilder bei fast identischer Probendicke aufgenommen wurden, lässt sich an der Intensitätsverteilung auch die *head to tail* Anordnung gut erkennen. Aufgrund der Probendicke stimmt die Symmetrie innerhalb der Primärstrahlscheibe mit der Zonenachsensymmetrie überein.

Zusätzlich zum hell/dunkel Kontrast beider Domänen, fällt in der Abbildung noch ein streifenförmiger Kontrast innerhalb der Domänen auf. Dieser wechselt ebenso wie die Spiegelebene die Orientierung zwischen Domäne 1 und 2. Der Kontrast verläuft jedoch senkrecht zur Spiegelebene. Dieser Kontrast kann mit dem Modell von [111]-Rotationszwillingen in 71°-Mikrodomänen erklärt werden (vgl. Abb. 4.9 (c)). Für {110}-Nanodomänenwände sollte der Kontrast parallel zur Spiegelebene verlaufen (vgl. Abb. 4.9 (a)).

5.3.1 Ausscheidung

An der Zusammensetzung PZT 56/44 wurde noch eine Besonderheit beobachtet. Innerhalb eines Korns mit großflächigen Domänen mit innerem, streifenförmigen Kontrast fiel eine etwa 400 nm große Ausscheidung auf. Diese enthielt lamellare Domänen einer Breite von etwa 30-40 nm. Da die großflächigen Domänen mit dem streifenförmigen Kontrast charakteristisch für rhomboedrisches PZT und lamellare Domänen in tetragonalem PZT beobachtet werden, deutet dies auf eine Koexistenz beider Phasen hin. Abbildung 5.10 zeigt die Doppelbelichtungsaufnahmen und die konvergenten Beugungsbilder zu diesen. Das konvergente Beugungsbild außerhalb des Einschlusses zeigt eine $(10\bar{1})$-Spiegelebene. Diese ist senkrecht zu dem streifenförmigen Kontrast orientiert. Somit sollte die Struktur der Matrix rhomboedrisch sein. Da nur eine Domäne untersucht wurde, ist monokline Symmetrie jedoch nicht gänzlich auszuschließen. Innerhalb des Einschlusses liegen die Domänenwände in $(\bar{1}01)$-Ebenen parallel zum Strahl. Das konvergente Beugungsbild einer Domäne innerhalb dieser Konfiguration zeigt eine horizontale (100)-Spiegelebene. Bei genauer

5.3 PZT 56/44

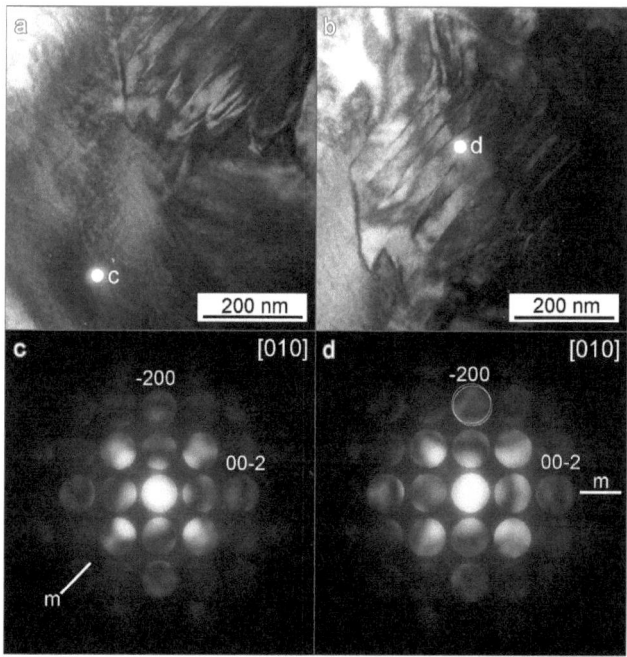

Abbildung 5.10: Tetragonaler Einschluss innerhalb eines rhomboedrischen Korns. (a) und (b) Doppelt belichtete Aufnahme mit den Strahlpositionen zu den Beugungsbildern in (c) und (d).

Betrachtung fällt der Rand einer zweiten Reflexscheibe für den $0\bar{2}0$-Reflex auf. Somit hat möglicherweise die Nachbardomäne geringfügig zum Beugungsbild beigetragen (vgl. Abb. 5.10 (b)). Der Beitrag ist jedoch so gering, dass Störung der Symmetrie vernachlässigbar bleibt. Die Überlagerung von zwei um 90° verdrehten Beugungsbildern mit hoher Transparenz des einen Bildes lies ebenfalls noch die Symmetrie des anderen Bildes erkennen (vgl. Abbildung C.1). Rhomboedrische Symmetrie kann ausgeschlossen werden, da bei einer ($\bar{1}01$)-Domänenwand *edge on* beide Domänen eine gemeinsame Spiegelebene in (101) besitzen und keine Reflexaufspaltung im Beugungsbild entsteht (vgl. Kapitel 4).

Die Beobachtung von tetragonaler Symmetrie auf der rhomboedrischen Seite der MPB erscheint zuerst überraschend. Die MPB verläuft jedoch nicht exakt vertikal.

5 Symmetrie von Domänen in PbZr$_{1-x}$Ti$_x$O$_3$

PZT 56/44 liegt oberhalb von 320°C bis zur *Curie*-Temperatur bei etwa 380°C in der tetragonalen Struktur vor [72, 4]. Der Phasenübergang *P4mm* → *R3m* ist erster Ordnung. Somit kann es sich bei dem Einschluss um einen Rest des Korns handeln, der sich nicht umgewandelt hat. Die geringe Domänenbreite kann mit der geringen Größe des Einschlusses erklärt werden. Die Phasengrenzfläche wirkt sich vermutlich entsprechend einer Korngrenze [66] oder einer Multidomänenplatte aus (vgl. Gleichung 2.2 [91]).

5.4 PZT 55/45

PZT 55/45 ist die Zusammensetzung mit dem höchsten Ti-Gehalt, die in konvergenten Beugungsbildern eindeutig rhomboedrische Symmetrie zeigte. Abbildung 5.11

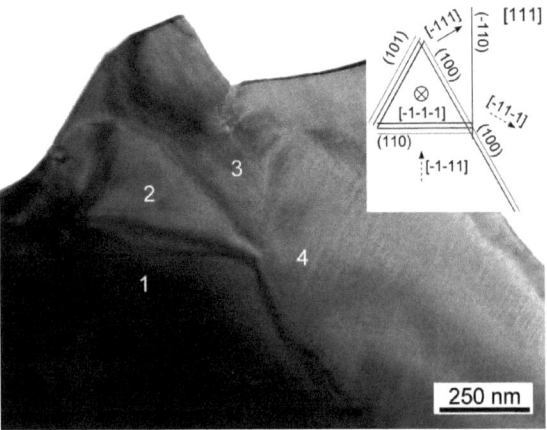

Abbildung 5.11: Bereich der Probe PZT 55/45. Die Orientierungen von Domäne 1 und 2 wurden aus den konvergenten Beugungsbildern bestimmt (Abb. 5.12 und Abb. 5.13). Der Ausschnitt stellt ein Modell der Domänenkonfiguration dar.

zeigt einen Probenbereich in <111>-Orientierung. Auch hier sind weitläufige Domänen zu sehen. Ein vereinfachtes Modell der Domänenkonfiguration betrachtet aus [111]-Richtung im Referenzkoordinatensystem ist in dem Ausschnitt rechts oben dargestellt. Dies verdeutlicht die Abweichungen der Domänenwände in der Probe

5.4 PZT 55/45

von den idealen Zwillingsebenen im Modell.
Abbildung 5.12 und Abbildung 5.13 zeigen die konvergenten Beugungsbilder von Domäne 1 und 2. Die Bilder sind aufgebaut wie Abbildung 5.4, mit dem WP in

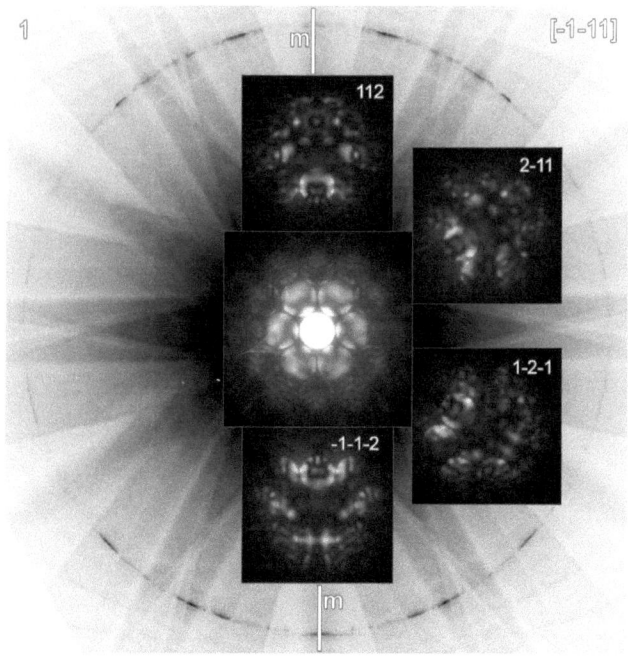

Abbildung 5.12: <111>-Beugungsbilder von Domäne 1 in Abb. 5.11. Die Dunkelfeldbeugungsbilder sind entsprechend des Reflexes in Bragg-Bedingung angeordnet. Die erste Laue-Zone ist negativ dargestellt. Die Symmetrie ist m.

Negativdarstellung im Hintergrund, dem proj. WP in der Mitte und den DPs entsprechend des Reflexes, der sich in Bragg-Bedingung befindet, angeordnet.
Im WP von Domäne 1 ist klar eine vertikale Spiegelebene zu erkennen. Diese Spiegelebene ist ebenso im proj. WP sowie den beiden DPs mit Strahlverkippung in der Spiegelebene präsent. Die beiden DPs unterscheiden sich deutlich durch die zum Beugungsvektor parallele bzw. antiparallele Komponente der Polarisation. Durch den Vergleich mit den Simulationen lassen sich $\bar{1}\bar{1}2$ bzw. 112 den beiden DPs ein-

103

5 Symmetrie von Domänen in $PbZr_{1-x}Ti_xO_3$

Abbildung 5.13: <111>-Beugungsbilder von Domäne 2 in Abb. 5.11. Die Dunkelfeldbeugungsbilder sind entsprechend des Reflexes in Bragg-Bedingung angeordnet. Die erste Laue-Zone ist negativ dargestellt. Die Symmetrie ist 3m.

deutig zuordnen. Die anderen beiden DPs besitzen keine Symmetrie, da der Strahl aus der Spiegelebene gekippt wurde.

Mit der Kenntnis der ZOLZ-Basisvektoren lässt sich auch das Vorzeichen der Zonenachse bestimmen. Da die Koordination annähernd kubisch ist, rotiert die FOLZ-Intensität um 180° gegenüber der nullten Laue-Zone für die entgegengesetzte Richtung. So kann die Zonenachse von Domäne 1 auf $[\bar{1}\bar{1}1]$ festgelegt werden.

Das proj. WP von Domäne 2 lässt vermuten, dass die Symmetrie dreizählig ist. Die Abweichungen von dieser Symmetrie sind geringer als bei PZT 60/40. Klarer erkennbar werden die Spiegelebenen in den vier DPs. Alle vier, auch $2\bar{1}\bar{1}$ und $\bar{2}11$ besitzen eine ähnliche Intensitätsverteilung. Demnach sind alle $\{11\bar{2}\}$-Reflexe äquivalent und

die Polarisation ist parallel zur Zonenachse. Da die Domänenwand zwischen Domäne 1 und 2 geneigt ist und parallel zu [$\bar{1}$10] verläuft, ist diese als (110)-Ebene zu identifizieren. Eine 71°-Wand in (110) überführt $P_1 = [\bar{1}\bar{1}1]$ zu $P_2 = [\bar{1}\bar{1}\bar{1}]$. Damit ist auch das Vorzeichen der Polarisation bzw. Zonenachse in Domäne 2 bestimmt.
Mit der so bestimmten Orientierung lassen sich mit idealisierten Domänenwänden die Polarisationsrichtungen in den benachbarten Domänen rekonstruieren. Eine 109°-Wand in (100) transformiert [$\bar{1}\bar{1}$1] in Domäne 1 zu [$\bar{1}$11$\bar{1}$] in Domäne 4. Eine 71° Wand in ($\bar{1}$10) transformiert dies zu [$\bar{1}$11] in Domäne 3 und die 109°-Wand in (100) ergibt eine Polarisation in [$\bar{1}\bar{1}\bar{1}$] in Domäne 2 in Übereinstimmung mit der konvergenten Beugung. Dieses Modell wurde aufgestellt, da die Polarisationsrichtung in Domäne 3 und 4 nicht über konvergente Beugung bestimmt wurde, in den beiden Domänen aber ein Kontrast auftritt, der seine Vorzugsorientierung von [$\bar{1}$10] in Domäne 3 zu [0$\bar{1}$1] in Domäne 4 wechselt. In beiden Fällen ist dies die Richtung senkrecht zur Polarisation im Modell.

5.4.1 Simulation von <111>-Beugungsbildern

Die FOLZ-Intensität im Beugungsbild von Domäne 2 ist wesentlich geringer als die maximale Intensität im FOLZ-Ring von Domäne 1. Dafür ist sie isotrop über den Ring verteilt. Im Beugungsbild von Domäne 1 konzentriert sich die Intensität innerhalb des *FOLZ*-Ringes stark im oberen und unteren Teil. Dies sind Beugungsvektoren mit großer Komponente parallel bzw. antiparallel zur Polarisationsrichtung. Die Reflexe mit Beugungsvektoren senkrecht zur Polarisation sind von verhältnismäßig geringer Intensität. Dies deutet auf senkrecht zu [111] abgeflachte anisotrope Temperaturfaktoren (ADPs) hin, wie sie aufgrund von Neutronendaten bestimmt wurden [56, 87]. Zur Simulation wurden die in Tabelle 5.2 aufgeführten Temperaturfaktoren verwendet, die anisotropen sind angelehnt an das Modell von Corker *et al.* [56]. Die

	$\beta_{11} = \beta_{22} = \beta_{33}$	$\beta_{12} = \beta_{13} = \beta_{23}$
isotrop$_r$	0.01502	0.00008
anisotrop$_r$	0.018	-0.008

Tabelle 5.2: Zur Simulation der Beugungsbilder in Abbildung 5.14 verwendete Temperaturfaktoren.

5 Symmetrie von Domänen in $PbZr_{1-x}Ti_xO_3$

simulierten Beugungsbilder für die Zonenachsen in Domäne 1 und 2 vorliegenden Orientierungen $[\bar{1}\bar{1}\bar{1}]$ und $[\bar{1}\bar{1}1]$ sind in Abbildung 5.14 zu sehen. Schon mit isotropen Temperaturfaktoren fällt die FOLZ-Intensität für die dreizäh-

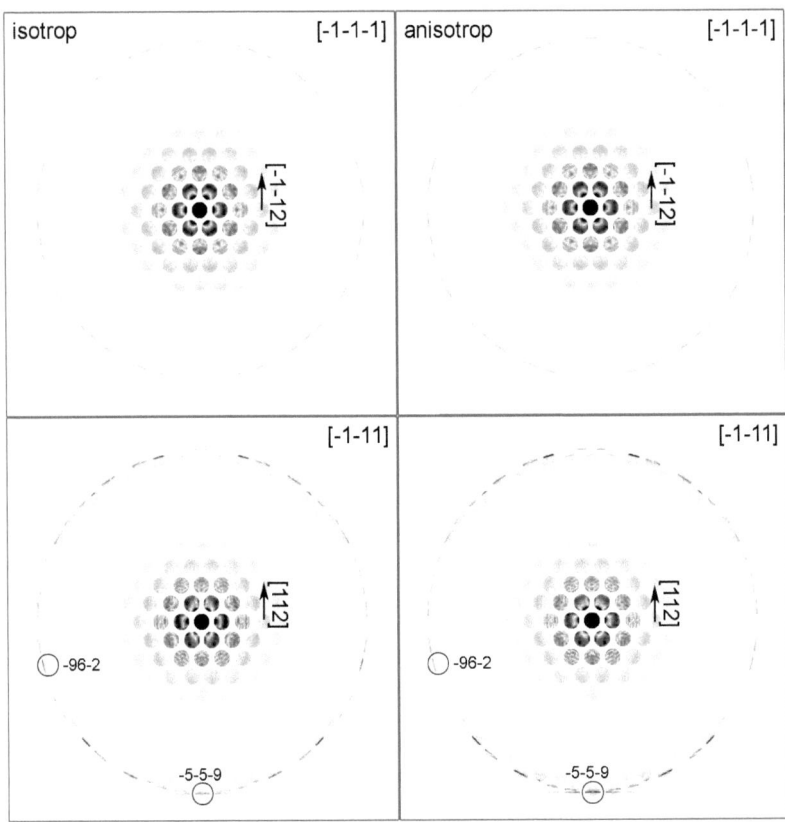

Abbildung 5.14: Simulierte CBED-Bilder für die Zonenachsen $[\bar{1}\bar{1}\bar{1}]$ und $[\bar{1}\bar{1}1]$ mit isotropen und anisotropen Temperaturfaktoren.

ligen Achsen geringer aus. So lässt sich der Einfluss der ADPs besser an der Zonenachse $[\bar{1}\bar{1}1]$ veranschaulichen. Mit ADPs nimmt die Intensität im $\bar{5}\bar{5}\bar{9}$-Reflex zu, während der $\bar{9}6\bar{2}$-Reflex an Intensität verliert. Damit spiegelt die Simulation mit anisotropen Temperaturfaktoren eher die beobachtete Intensitätsverteilung innerhalb des FOLZ-Rings für Domäne 1 wieder. Dies stützt die Vermutung einer statischen

5.4 PZT 55/45

Unordnung innerhalb der rhomboedrischen Mikrodomänen. Aufgrund des beobachteten streifenförmigen Kontrasts senkrecht zur Spiegelebene der Mikrodomäne, ist eine Ordnung der zusätzlichen Auslenkungen innerhalb der (111)-Ebenen naheliegend. Dies kann mit dem Modell monokliner [111]-Rotationszwillinge erklärt werden. Die Breite der Nanodomänen liegt deutlich unterhalb des verwendeten Strahldurchmessers von 10 nm. Zudem sind die (111)-Ebenen gegenüber der Strahlrichtung geneigt und würden so eine Mittelung über mehrere Nanodomänen ergeben. Dies würde die beobachtete Symmetrie 3m erklären. Eine Untersuchung einzelner Nanodomänen dieser Art mit CBED ist nicht möglich. Diese Korrelation in (111)-Ebenen steht im Widerspruch zu der in Elektronenbeugung beobachteten diffusen Streuung. Diese spricht für eine Korrelation in <111>-Richtung. Ein Modell mit Auslenkungen parallel zur Korrelationsrichtung konnte die beobachtete diffuse Streuung in Simulationen qualitativ reproduzieren [83].

5.4.2 Zonenachse <100>

Neben rhomboedrischer Symmetrie wurde für diese Zusammensetzung auch Abweichung von der $\{\bar{1}10\}$-Spiegelsymmetrie in <100> Beugungsbildern beobachtet, dies auch in Bereichen mit Domänen, die eine für rhomboedrische Zusammensetzungen charakteristische Morphologie besaßen. Abbildung 5.15 zeigt solche Beugungsbilder für zwei benachbarte Domänen. Diese Bilder wurden jedoch teilweise mit einem Strahldurchmesser von 2 nm bei Verwendung einer LaB_6-Kathode ohne Energiefilter aufgenommen. Möglicherweise könnte, wie bereits für PZT 60/40 diskutiert, der Strahldurchmesser die Symmetrie des Beugungsbildes beeinflussen. Die Streifen in Domäne 1 sind im Vergleich zu PZT 60/40 etwas breiter geworden. Größere Nanodomänen würden die Mittelung verschlechtern und könnten so leichter Abweichungen von der Symmetrie hervorrufen. Abweichungen von der Symmetrie wurden jedoch auch mit einem Strahldurchmesser von 10 nm beobachtet. Somit ist von einer Koexistenz der rhomboedrischen und monoklinen Phase auszugehen.

5 Symmetrie von Domänen in $PbZr_{1-x}Ti_xO_3$

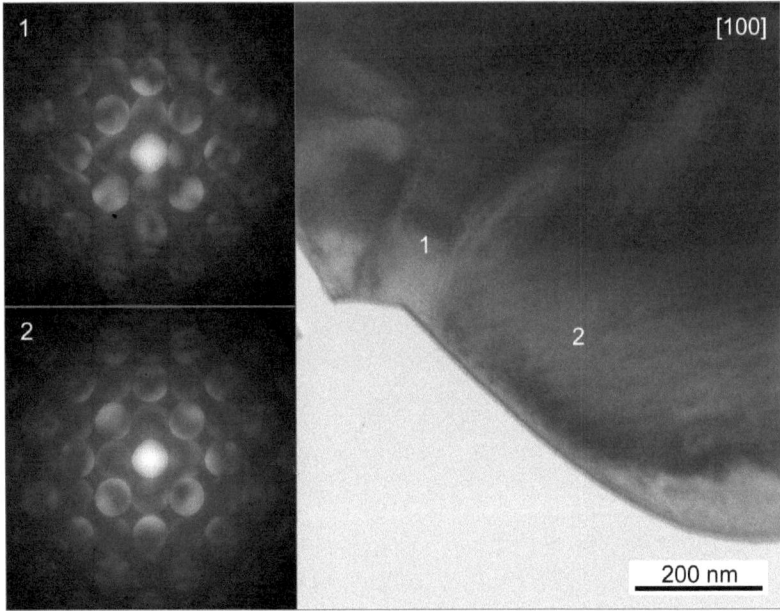

Abbildung 5.15: Bereich von PZT 55/45 in <100>-Orientierung. Die konvergenten Beugungsbilder aufgenommen mit *spot size* 2 nm zeigen keine Symmetrie.

5.5 PZT 54,5/45,5

In PZT 54,5/45,5 wurden innerhalb eines Korns verschiedenste Domänenkonfigurationen beobachtet. Diese erstreckten sich nicht über das ganze Korn sondern nur über Teilbereiche. So sind in Abbildung 5.16 (links) großflächige Domänen mit geneigten Domänenwänden zu sehen, deren Orientierung deutlich von <100> abweicht. Innerhalb dieser Domänen tritt ein innerer Kontrast auf. Dieser wechselt, wie schon an der 71°-Wand in PZT 56/44 beobachtet, die Vorzugsorientierung zwischen der hellen und dunklen Domäne. Im Vergleich zu PZT 56/44 ist der Kontrast hier deutlicher zu erkennen. So sind in der dunklen Domäne Nanodomänen mit einem ausgeprägten Domänenwandkontrast zu erkennen. In anderen Bereichen lagen homogene lamellare Domänen vor, wie in Abbildung 5.16 (rechts) gezeigt. Beide Bereiche befanden sich innerhalb eines Korns. Dies erinnert an die Ausscheidung mit tetragonaler Do-

5.6 PZT 54/46

Abbildung 5.16: In PZT 54,5/45,5 wurden innerhalb eines Korns sowohl großflächige Domänen mit innerem Kontrast als auch kleinere lamellare Domänen beobachtet.

mänenkonfiguration in PZT 56/44. Da PZT 54,5/45,5 dicht an der morphotropen Phasengrenze liegt, ist diese Beobachtung hier nicht verwunderlich. So schlagen Noheda et al. [4] eine vertikale Phasengrenze $R3m/Cm$ im Bereich $0,45 < x < 0,46$ vor. Der in Abbildung 5.16 rechts gezeigte Bereich muss nicht notwendigerweise von tetragonaler Symmetrie sein. Hier fehlt eine detaillierte Untersuchung mit CBED und so ist auch monokline Symmetrie möglich.

5.6 PZT 54/46

Mit der Zusammensetzung PZT 54/46 wurden die meisten Experimente durchgeführt. Dies liegt darin begründet, dass diese Zusammensetzung aufgrund der Röntgendaten [4, 72] den höchsten Anteil monokliner Phase, bzw. nach den bisherigen TEM-Untersuchungen [3] die größten Nanodomänen aufweist.
Zusätzlich wurde mit dieser Zusammensetzung noch ein Heizexperiment durchgeführt und eine Probe wurde *ex situ* nach 1000 Polungszyklen bei 4 kV/mm untersucht.

5.6.1 Zonenachse $<100>$

Abbildung 5.17 (a) zeigt ein Korn in $<100>$-Orientierung. Dominiert wird es durch

5 Symmetrie von Domänen in PbZr$_{1-x}$Ti$_x$O$_3$

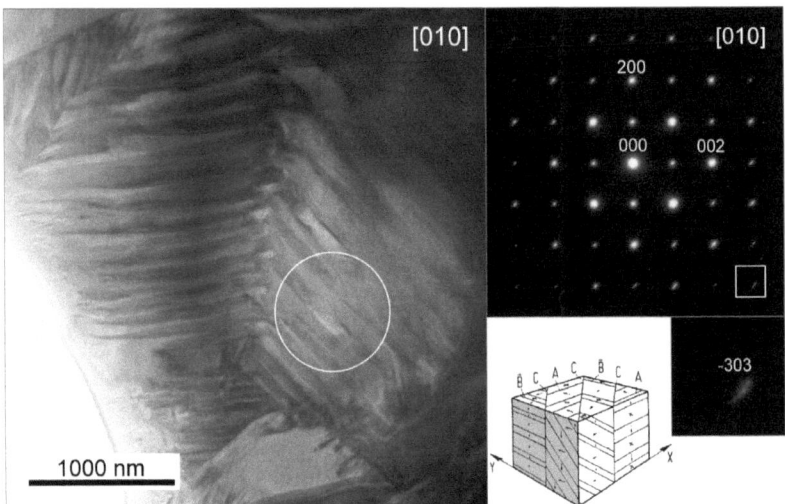

Abbildung 5.17: (links:) Hellfeldaufnahme eines Korns mit dominanter Domänenkonfiguration, die dem β-Typ [69] (rechts unten) zugeordnet werden kann. Der Kreis markiert die Blendenposition für das Beugungsbild (rechts oben). Das Beugungsbild zeigt eine Aufspaltung der $\bar{h}0h$-Reflexe in [101]-Richtung, wie sie durch tetragonale aa-Domänen hervorgerufen wird. Der $\bar{3}03$-Reflex ist vergrößert dargestellt und zeigt eine multiple Aufspaltung. Dies deutet auf lokal variierende Verzerrungen hin.

eine Domänenkonfiguration, die durch den β-Typ nach Arlt und Sasko [69] zu beschreiben ist. Das Beugungsbild aus dem rechten Teil zeigt, dem Modell entsprechend, eine Reflexaufspaltung durch 90°-Domänen in aa-Orientierung. Der $\bar{3}03$-Reflex ist aber nicht nur in zwei Reflexe aufgespalten, wie es für tetragonale aa-Domänen mit einem festen $\frac{c}{a}$-Verhältnis der Fall wäre. Dies deutet darauf hin, dass entweder das $\frac{c}{a}$-Verhältnis oder sogar die Art der Verzerrung innerhalb des ausgewählten Bereichs variiert. So zeigen einige der Domänen im rechten Teil einen lamellaren inneren Kontrast parallel zu den Mikrodomänenwänden in [101]-Richtung. Dieser Kontrast nimmt nach rechts oben hin zu, während der Kontrast durch die Mikrodomänenwände schwächer wird. Solch ein Kontrast tritt auch in der großen dreieckigen Domäne am unteren Bildrand auf, jedoch um 90° gedreht in [$\bar{1}$01]-Richtung.

5.6 PZT 54/46

Diese Domäne erscheint in ihrer Morphologie rhomboedrisch. Die folgenden Untersuchungen beschränkten sich jedoch auf die, den größten Teil des Korns ausfüllende, Domänenkonfiguration, die dem β-Typ entspricht.

aa-Konfiguration

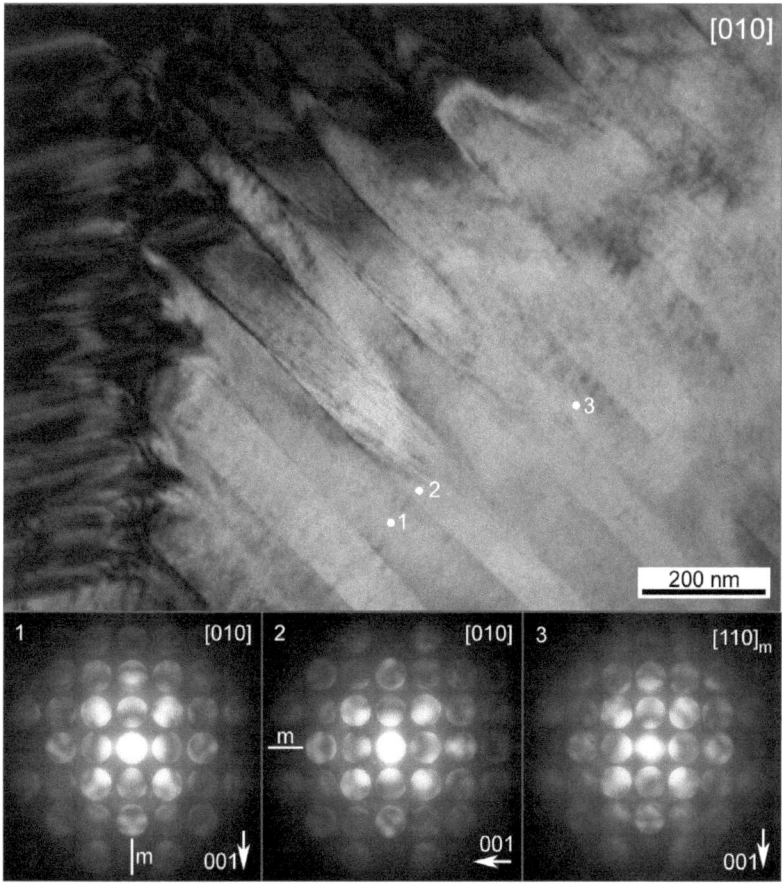

Abbildung 5.18: Teil des Korns mit aa-Domänen. Domäne 1 und 2 zeigen deutlich eine (100)-Spiegelebene, Domäne 3 dagegen zeigt keine Symmetrie.

5 Symmetrie von Domänen in $PbZr_{1-x}Ti_xO_3$

Im Bereich rechts der C-Wand sind die Domänenwände *edge on* und verlaufen in [101]-Richtung. Schon die Reflexaufspaltung im Beugungsbild (Abb. 5.18 (b)) aus diesem Bereich lies auf tetragonale aa-Domänen schließen. Jedoch wurde mit der multiplen Aufspaltung eine Besonderheit beobachtet und die Verzerrung scheint nicht einheitlich zu sein. Abbildung 5.18 zeigt eine Aufnahme mit höherer Vergrößerung von diesem Bereich, der ungefähr mit dem Bereich der Blende in Abbildung 5.17 (a) übereinstimmt. An den markierten Positionen 1, 2 und 3 wurden konvergente Beugungsbilder aufgenommen. Domäne 1 und 2 zeigen deutlich eine (100)-Spiegelebene entsprechend tetragonaler Symmetrie. Diese ist in Domäne 1 vertikal und in Domäne 2 horizontal orientiert, wie es für 90° Domänen zu erwarten ist. Da die Probendicke in beiden Domänen ungefähr gleich ist, ist an der Intensitätsverteilung die *head to tail*-Anordnung zu erkennen. Die Abweichung zwischen der [001]-Richtung im Beugungsbild von Domäne 1 und der [100]-Richtung im Beugungsbild von Domäne 2 beträgt 1,3°. Das entspricht einem $\frac{c}{a}$-Verhältnis von etwa 1,02[4].

In Domäne 3 ist keine Symmetrie zu finden, obwohl der Strahl, erkennbar an der Intensitätsverteilung innerhalb der Primärstrahlscheibe, exakt parallel zur Zonenachse orientiert ist. Auch die Domäne erschien während des Mikroskopierens homogen, eine geringe Verschiebung der Strahlposition bewirkte keine Änderung im Beugungsbild. Nur die monokline Struktur besitzt <100>-Zonenachsen ohne Symmetrie. Dies sind die Richtungen senkrecht zur c-Achse, und da diese beim Phasenübergang $P4mm \rightarrow Cm$ erhalten bleibt, passt die Beobachtung zu einem Bereich, in dem aa-Domänen vorlagen. Es fällt aber auf, dass die Intensitätsverteilung eher einer ($10\bar{1}$)-Spiegelebene entspricht als einer (100)-Spiegelebene.

Mikrostruktur Wie bereits erwähnt wurde, zeigen die aa-Domänen im oberen Bildbereich (vgl. Abbildung 5.18) zunehmend einen inneren Kontrast der parallel zu den Mikrodomänenwänden in [101] verläuft. Da die Domänenwanddichte sehr hoch ist, ist es schwer zu sagen, ob diese Nanodomänenwände parallel zum Strahl orientiert oder geneigt sind. Abbildung 5.19 (b) zeigt den Kontrast bei einer höheren Vergrößerung. Die Breite dieser Lamellen liegt zwischen 5 und 10 nm. Dies wird in hochauflösenden Aufnahmen in Abbildung 5.19 (c) bestätigt. Auch in diesen ist eine

---

[4]Hier ist eine zusätzliche Unsicherheit zu berücksichtigen, da der Winkel zwischen Richtungen auf zwei Negativen ausgemessen wurde.

5.6 PZT 54/46

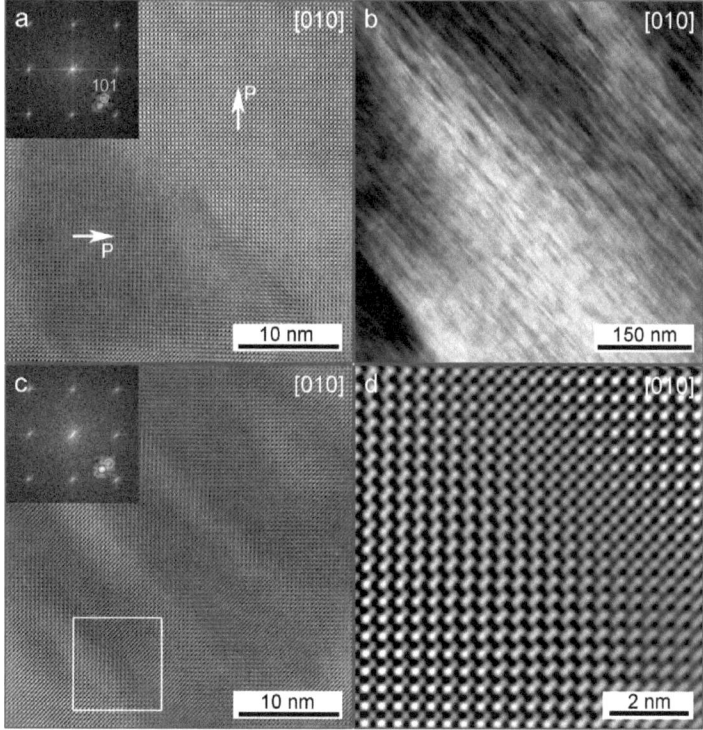

Abbildung 5.19: (a) Hochauflösende Aufnahmen einer 90° Domänenwand. Es wurde jeweils einer der beiden aufgespaltenen Reflexe in der FFT herausgefiltert und mit diesem eine inverse Fourier-Transformation durchgeführt. Die so erhaltenen Ebenen wurden eingefärbt (hell- und dunkelgrau) und dem ursprünglichem Bild überlagert. (b) Bereich mit feinem, wenige nm breitem, lamellaren Kontrast in [$\bar{1}$01]-Richtung. (c) Wie in (a) bearbeitete Hochauflösung eines Bereichs aus (b). Die IFFT Bereiche überlappen sich. (d) Der in (c) markierte Bereich vergrößert dargestellt. Der Kontrast ändert sich auf wenigen nm in [101]-Richtung.

5 Symmetrie von Domänen in $PbZr_{1-x}Ti_xO_3$

Kontrastvariation in [101]-Richtung zu beobachten. Dies ist nochmals vergrößert in Abbildung 5.19 (d) dargestellt. Simulationen mit dem Programm JEMS [120] haben gezeigt, dass ein Kontrast, wie er in (d) zu sehen ist, durch eine Verkippung aus der Zonenachse entstehen kann [121].

Die mittels konvergenter Beugung als tetragonal identifizierten Domänen zeigen in der Hochauflösung einen homogenen Kontrast. Dies zeigt Abbildung 5.19 (a). Die *Fast-Fourier*-transformierte Aufnahme (FFT) zeigt klar eine Reflexaufspaltung durch aa-Domänen. Wählt man mit der Maske jeweils nur einen Reflex für eine inverse *Fast-Fourier*-Transformation (IFFT) aus, werden die (101) bzw. (10$\bar{1}$)-Ebenen der jeweiligen Domäne dargestellt. Diese wurden gelb (101) und rot (10$\bar{1}$) eingefärbt und dem ursprünglichen Bild überlagert. Die gelb eingefärbten Ebenen gehören zu Domäne 1 aus Abbildung 5.18.

Das gleiche Verfahren auf das Bild in (c) angewendet liefert nur schmale Bereiche in denen die Ebenen zum ausgewählten Reflex beitragen. Die einzelnen Bereiche überlappen sich während sie in (a) deutlich voneinander getrennt sind. Dies deutet darauf hin, dass sich die Nanodomänen in der Projektion überlappen. Dies kann auch die starken Kontrastvariationen in (d) erklären. Zudem ist anzumerken, dass eine Domänenwand die parallel zum Strahl orientiert ist, nicht zu einer Verkippung aus der Zonenachse führt.

Die möglichen Nanodomänenmodelle zur Erklärung der Beobachtung sind:

- (111)-Rotations-Nanodomänen (vgl. Abbschnitt 4.3.4)
  Die Nanodomänenwände sollten für eine {110}-Mikrodomänenwand in *edge on*-Orientierung einen Kontrast parallel zur Mikrodomänenwand erzeugen. Dann sollte der Mikrodomäne im Mittel eine rhomboedrische Symmetrie besitzen.

- Miniaturisierte tetragonale aa-Domänen
  Diese könnten die teilweise beobachtete Reflexaufspaltung erklären. Die gemittelte, nicht gemeinsame Symmetrie wäre die (10$\bar{1}$)-Ebene senkrecht zu den Nanodomänenwänden.

- Monokline/Rhomboedrische (101)-Nanodomänen
  Die Nanodomänenwände sollten ebenfalls *edge on* orientiert sein. Es würde keine Reflexaufspaltung entstehen und beide Domänen besäßen eine gemeinsame Spiegelebene in (101). Die Mikrodomäne kann dann nicht mehr als tetragonale Domäne in a-Orientierung bezeichnet werden.

5.6 PZT 54/46

Das Modell mit der größten Übereinstimmung zur Erklärung des Kontrastes ist das erste. Dies ist jedoch nicht vollständig zufriedenstellend. Rhomboedrische Symmetrie innerhalb von Mikrodomänen wurde für diese Zusammensetzung nicht beobachtet. Dies kann möglicherweise auf die Vorauswahl der Bereiche zurückgeführt werden, von denen konvergente Beugungsbilder aufgenommen wurden. Es bleibt dann jedoch fraglich, ob innerhalb eines Korns alle drei Phasen nebeneinander existieren. In diesem Modell besteht die rhomboedrische Mikrodomäne aus monoklinen Nanodomänen und die rhomboedrische Phase ist somit nicht notwendigerweise existent.

ac-Konfiguration Links von der C-Wand sind die Domänenwände geneigt. Die Domänenwände mit ihren δ-Streifen verlaufen in [100]-Richtung entsprechend einer ac-Konfiguration [13]. Im Beugungsbild von Domäne 4 in Abbildung 5.20 ist die tetragonale (100)-Spiegelebene zu erkennen. Die Spiegelebene ist senkrecht zur Domänenwand orientiert. Damit ist Domäne 4 in Abbildung 5.20 eine a-Domäne. Von den c-Domänen in der unmittelbaren Umgebung konnte kein Beugungsbild aufgenommen werden. Grund hierfür ist die um 45° geneigte Domänenwand und die zum Probenrand hin spitz zusammen laufenden c-Domänen. Dadurch ist kein Bereich zu finden, in dem eine Domäne einzeln durchstrahlbar ist.
Im oberen Bereich von Abbildung 5.20 wurden Domäne 5 und 6 untersucht. Das Beugungsbild von Domäne 6 zeigt keine Symmetrie, das von Domäne 5 eine Spiegelebene vom Typ $\{110\}$. Damit lassen sich die Beugungsbilder monoklin indizieren. Domäne 6 mit hellerem Kontrast ist wie Domäne 4 eine a-Domäne. Die pseudokubische [010]-Zonenachse entspricht der in monokliner Indizierung der $[\bar{1}\bar{1}0]_m$-Richtung. Die c-Achse sollte sich beim Phasenübergang $P4mm \to Cm$ nicht ändern. Die Zonenachse für Domäne 5 ist damit $[00\bar{1}]_m{}^5$ in monokliner Indizierung. Diese Beobachtung stimmt mit einer systematischen a/c/a/c-Reihenfolge der Domänen ausgehend von Domäne 4 überein. Auch in diesem Teil der Domänenkonfiguration liegen tetragonale und monokline Domänen nebeneinander vor.

---

[5]Das Vorzeichen wurde willkürlich gewählt

5 Symmetrie von Domänen in $PbZr_{1-x}Ti_xO_3$

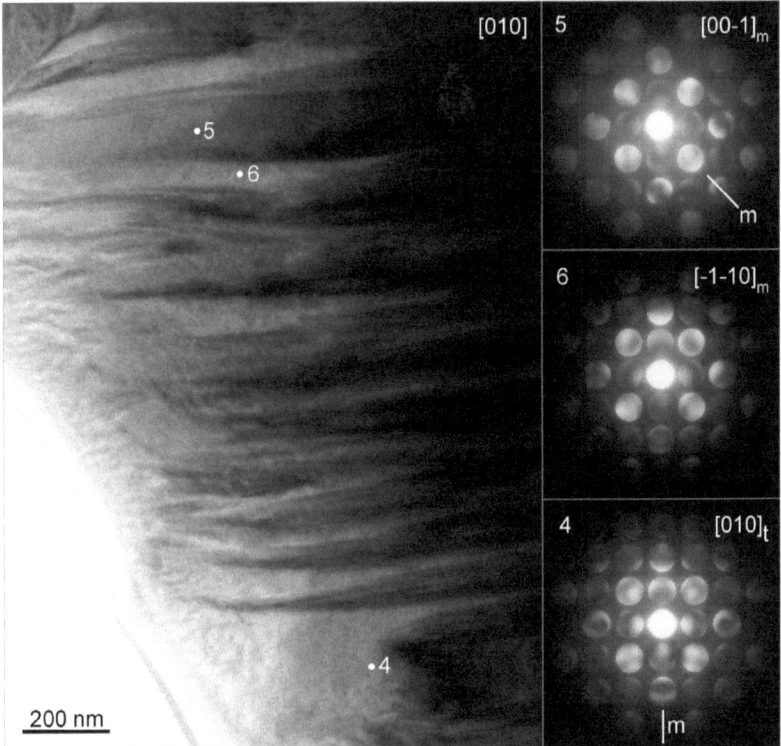

Abbildung 5.20: Teil des Korns mit ac-Domänen. Im unteren Bereich (4) wurde tetragonale Symmetrie innerhalb der a-Domänen beobachtet. Die c-Domänen im unteren Bereich sind zu schmal, um bei geneigten Domänenwänden einzeln durchstrahlbar zu sein. Im oberen Bereich fehlt die Symmetrie in der a-Domäne (6) während in der c-Domäne (5) eine $(1\bar{1}0)$-Spiegelebene beobachtet wird.

5.6.2 Zonenachse <111>

Um die Beobachtungen der monoklinen Symmetrie zu bestätigen, wurden noch weitere Proben von PZT 54/46 untersucht. In Abbildung 5.21 ist ein Bereich in <111>-Orientierung zu sehen. Aus diesem Bereich wurden drei Domänen mittels konvergenter Beugung untersucht. Die Domänenwand links von Domäne 1 ist par-

5.6 PZT 54/46

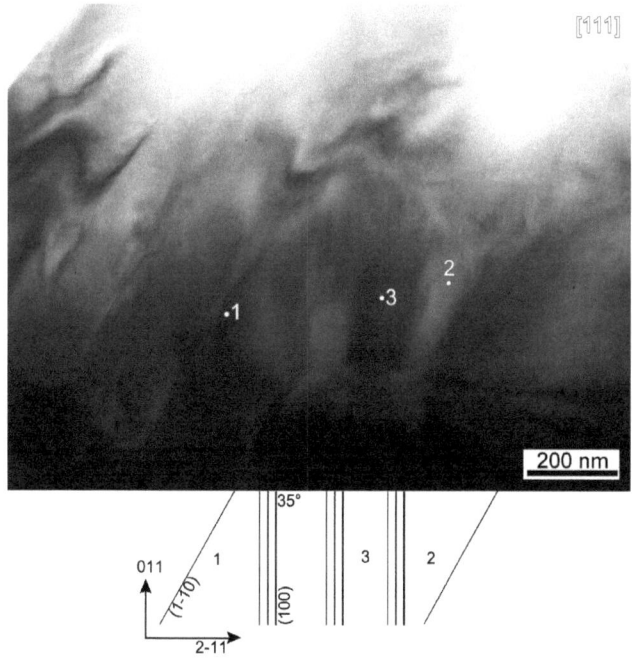

Abbildung 5.21: Entlang <111> orientierter Bereich der Probe PZT 54/46. An den drei Punkten wurden konvergente Beugungsbilder aufgenommen. Diese sind in Abbildung 5.22 zusehen.

allel zum Strahl ausgerichtet und verläuft in einer <112>-Richtung entsprechend einer {110}-Domänenwand. Die Domänenwände zwischen Domäne 1, 2 und 3 sind gegenüber dem Strahl geneigt. Der δ-Streifenkontrast in [011] kann durch eine (100)- oder eine (0$\bar{1}$1)-Domänenwand erzeugt werden. Die δ-Streifen zwischen Domäne 2 und 3 sind auf einer Breite von etwa 40-50 nm zu beobachten. Die Probendicke liegt in diesem Bereich bei etwa 70-75 nm. Eine {0$\bar{1}$1}-Wand, die um 55° aus der Strahlrichtung verkippt ist, würde in der Projektion etwa 100 nm breit erscheinen. Somit sollte es sich um eine {100}-Wand handeln, die um 35° gegenüber dem Strahl geneigt ist. Im Folgenden wird angenommen, diese Domänenwand liege in der (100) Ebene. Dann kommen als Zonenachse [$\bar{1}\bar{1}$1] oder [1$\bar{1}$1] in Frage, mit [110] als vertikalem ZOLZ-Basisvektor.

117

5 Symmetrie von Domänen in $PbZr_{1-x}Ti_xO_3$

Von Domäne 2 und 3 wurden jeweils ein Beugungsbild parallel zur Zonenachse (ZAP) aufgenommen sowie ein Dunkelfeldbeugungsbild (DP) mit Strahlverkippung parallel zur existierenden oder innerhalb der nullten *Laue*-Zone (ZOLZ) vermuteten Spiegelebene. In Abbildung 5.22 (a) und (d) sind für Domäne 2 und 3 die *proj. WPs*, die nur die Intensität der nullten Laue-Zone enthalten, dargestellt. In Abb. 5.22 (b) und (e) ist die Intensität des FOLZ-Ringes verstärkt dargestellt. Und in Abb. 5.22 (c) und (f) ist die nullte *Laue*-Zone des DPs zu sehen. In allen drei Bildern von Domäne 3 ist eine horizontale Spiegelebene zu erkennen, während die Symmetrie in allen Beugungsbildern von Domäne 2 gebrochen ist. Dies ist für Zonenachsen vom Typ <111> nur für eine monokline Symmetrie möglich. Im Falle von tetragonaler oder rhomboedrischer Struktur der Domänen sollte in beiden Domänen eine Spiegelebene oder eine dreizählige Achse zu beobachten sein.

Dies ergibt die Frage nach der zur Domänenwand gehörenden Zwillingsoperation. Die Orientierung der beiden Domänen wurde durch den Vergleich mit simulierten Beugungsbildern bestimmt. Die Simulationen mit der besten Übereinstimmung sind in Abbildung 5.23 zu sehen. Im folgenden Absatz wird die Vorgehensweise bei der Orientierungsbestimmung beschrieben.

Da in Domäne 3 die Spiegelebene im Beugungsbild horizontal verläuft, muss die monokline ac-Ebene in der (011)-Ebene des kubischen Koordinatensystems liegen und die c-Achse parallel zu dessen x-Richtung orientiert sein. Damit verbleiben acht mögliche Orientierungen (vier Zonenachsen und jeweils zwei Dunkelfeldvektoren) einer monoklinen Zelle. Tabelle 5.3 zeigt die Übereinstimmung von simulierten mit den beobachteten Beugungsbildern. Der Reflex in exakter Braggbedingung ist $g_{\bar{2}0\bar{2}_m}$

	Zonenachse parallel zu $[1\bar{1}1]$				Zonenachse parallel zu $[\bar{1}\bar{1}1]$			
[uvw]	[101]	$[\bar{1}01]$	$[10\bar{1}]$	$[\bar{1}0\bar{1}]$	[101]	$[\bar{1}01]$	$[10\bar{1}]$	$[\bar{1}0\bar{1}]$
DP g_{hkl}	$\bar{2}02$	202	$20\bar{2}$	$\bar{2}0\bar{2}$	$20\bar{2}$	$\bar{2}0\bar{2}$	$\bar{2}02$	202
DP	-	-	+	++	+	++	-	-
FOLZ	+	+	-	-	+	+	-	-

Tabelle 5.3: Vergleich von simulierten und experimentellen Beugungsbildern für mögliche Orientierungen von Domäne 3. Die beste Übereinstimmung findet sich für $[\bar{1}01]_m$ mit $g_{\bar{2}0\bar{2}_m}$ in Bragg Bedingung.

und nur für die Zonenachse $[\bar{1}01]_m$ stimmt auch die Intensität der ersten *Laue*-Zone in Bezug auf $g_{\bar{2}0\bar{2}_m}$ mit der beobachteten überein. Dies ist nur für die Zonenachse

5.6 PZT 54/46

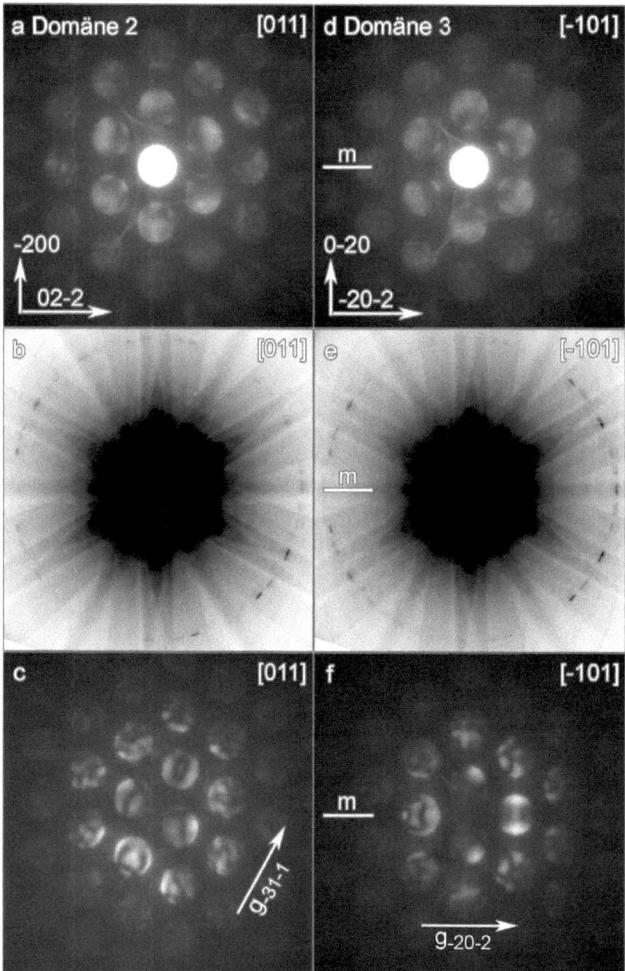

Abbildung 5.22: Konvergente Beugungsbilder von Domäne 2 (linke Spalte) und Domäne 3 (rechte Spalte) aus Abb. 5.21. Für Domäne 2 ist keine Zonenachsensymmetrie zu finden, während in Domäne 3 eine horizontale Spiegelebene zu erkennen ist.

5 Symmetrie von Domänen in PbZr$_{1-x}$Ti$_x$O$_3$

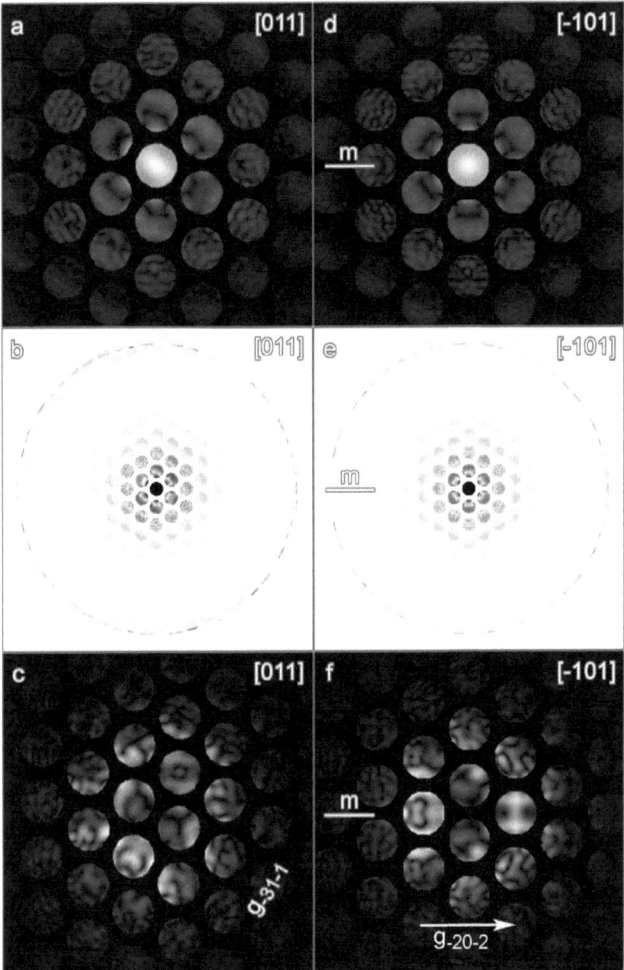

Abbildung 5.23: Mit dem monoklinen Strukturmodell von Noheda *et al.* [4] (Anhang B) simulierte Beugungsbilder, die eine gute Übereinstimmung zeigen. Die Probendicke liegt dementsprechend bei 70 nm für Domäne 2 und 75 nm für Domäne 3.

5.6 PZT 54/46

[uvw]	[101]	[$\bar{1}$01]	[10$\bar{1}$]	[$\bar{1}$0$\bar{1}$]
DP g_{hkl}	20$\bar{2}$	$\bar{2}$0$\bar{2}$	$\bar{2}$02	202
DP	+	++	-	-
FOLZ	+	+	-	-

Tabelle 5.4: Übereinstimmung der experimentellen und simulierten Intensität für mögliche Orientierungen von Domäne 2.

[$\bar{1}\bar{1}$1] im kubischen Koordinatensystem möglich.
Somit steht schon einmal die Zonenachse in Bezug auf die Domänenwand fest. Für Domäne 2 verbleiben insgesamt 12 verschiedene mögliche Orientierungen, da die c-Achse auch parallel zur y- bzw. z-Achse orientiert sein könnte. Mit dem DP aus Abbildung 5.22 (c) stimmen vier Simulationen überein. Die Reflexe der ersten *Laue*-Zone des ZAPs sind jedoch nur für [011] und [0$\bar{1}\bar{1}$] richtig zum Beugungsvektor des DPs, $\bar{3}$1$\bar{1}$ bzw. 3$\bar{1}$1 orientiert. Beide Richtungen entsprechen der [$\bar{1}\bar{1}$1]-Zonenachse im pseudokubischen Koordinatensystem bezogen auf die (100)-Domänenwand. Für [01$\bar{1}$] mit $\bar{3}$1$\bar{1}$ sowie [0$\bar{1}$1] mit 311 in *Bragg*-Bedingung, der pseudokubischen [1$\bar{1}$1]-Richtung entsprechend, ist die Intensität der ersten *Laue*-Zone des ZAPs um 180° verdreht zum Dunkelfeldbeugungsvektor angeordnet. Von den verbleibenden zwei Orientierungen ist die Übereinstimmung der berechneten Intensitäten mit dem experimentellen WP für [011] besser. Das resultierende Domänenmodell ist in Abbil-

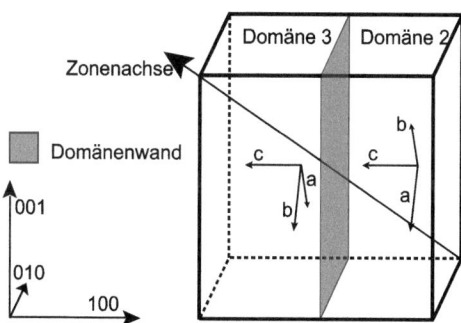

Abbildung 5.24: Domänenmodell, das die beste Übereinstimmung von simulierten mit experimentellen CBED-Bildern zeigt.

5 Symmetrie von Domänen in PbZr$_{1-x}$Ti$_x$O$_3$

dung 5.24 dargestellt. Es entspricht dem in Abschnitt 4.3.1 beschriebenen Modell des [001]$_4$-Rotationszwillings. Dieser Domänenwandtyp ergibt sich in Folge des Phasenübergang $P4mm \to Cm$. Dies passt zu dem von Noheda et al. [4] für diese Zusammensetzung beobachteten Phasenübergang tetragonal zu monoklin bei etwa 180°C.

5.6.3 PZT 54/46 bei 300°C

Um diesen Phasenübergang zu beobachten, wurde mit einer Probe ein Heizexperiment durchgeführt. Nachdem die Probe bei Zimmertemperatur untersucht worden war, wurde sie auf etwa 300°C geheizt und die gleichen Bereiche nochmals untersucht. Die Temperatur von 300 °C wurde gewählt um mit genügend Abstand sowohl zur Curie- als auch zur Übergangstemperatur bei etwa 180 °C arbeiten zu können. Im Heizexperiment zeigte sich bei 300°C tetragonale Symmetrie in Bereichen, in denen bei Zimmertemperatur keine Symmetrie zu beobachten war. So zeigt Abbildung 5.25 (a) ein <100>-ZAP bei Zimmertemperatur ohne jegliche Symmetrie und (b) ein <100>-ZAP bei 300 °C mit einer (100)-Spiegelebene. Beide Beugungsbilder wurden im selben Bereich aufgenommen. Trotz der geringer werdenden tetragonalen Verzerrung ist die polare Achse deutlich an den Unterschieden in 002 und 00$\bar{2}$ zu erkennen.

In Abbildung 5.25 (c) und (d) ist eine Domänenkonfiguration bei beiden Temperaturen zu sehen. Dabei handelt es sich um Hellfeldaufnahmen eines Korns in <110>-Orientierung. Die Mikrodomänenstruktur ähnelt sich in beiden Bildern. Bei Zimmertemperatur herrscht jedoch ein ungeordneter Nanodomänenkontrast innerhalb der Mikrodomänen vor. Bei 300°C ist dieser verschwunden und die Mikrodomänen erscheinen homogen. Lediglich die Domänenbreite hat sich geringfügig verändert. Beide Aufnahmen wurden zur Dokumentation der Strahlposition doppelt belichtet. Daraus ist erkenntlich, dass die zugehörigen konvergenten Beugungsbilder in (e) und (f) innerhalb der selben Mikrodomäne aufgenommen wurden, jedoch bei unterschiedlicher Probendicke. Für das Beugungsbild bei Zimmertemperatur (e) wurde eine einzelne Nanodomäne ausgewählt. Das Beugungsbild zeigt keine Zonenachsensymmetrie. Im Beugungsbild aufgenommen bei 300°C (f), ist eine (100)-Spiegelebene zu erkennen. Die Bildung der Nanodomänen wird deshalb dem Symmetrieverlust aufgrund des Phasenübergangs $P4mm \to Cm$ zugeschrieben. Die rhomboedrische Phase kann aufgrund der <100>- und <111>-Zonenachsensymmetrien ausgeschlossen werden.

5.6 PZT 54/46

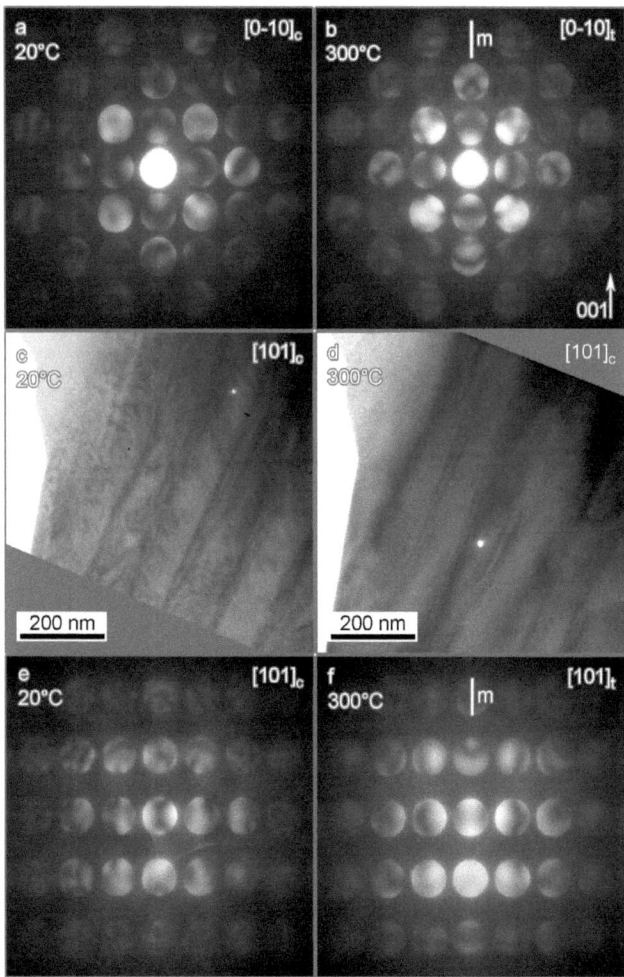

Abbildung 5.25: Heizexperiment von PZT 54/46. <100>-ZAP ohne Symmetrie bei 20°C (a) und mit (010) Spiegelebene bei etwa 300 °C (b). (c) und (d): <110>-Doppelbelichtungsaufnahmen zu den <110>-ZAPs bei 20°C (e) bzw. 300°C (f).

5 Symmetrie von Domänen in $PbZr_{1-x}Ti_xO_3$

5.6.4 PZT 54/46 nach 1000 Zyklen bei 4 kV/mm

Während PZT 54/46 in Röntgenbeugungsdiagrammen im ungepolten Zustand (vgl. Abb. 2.11) tetragonal und monoklin erscheint, lässt die Reflexform der zyklierten Probe (vgl. Abb. 2.12) auf rhomboedrische Symmetrie schließen. Um zu klären, ob diese Änderung der Symmetrie auch mit CBED zu beobachten ist, wurde eine Probe vor dem Dimpeln für 1000 Zyklen bei 4 kV/mm gepolt. Anschließend wurde die Probe fürs TEM präpariert. Abbildung 5.26 zeigt einen Bereich dieser Probe mit großen lamellaren Domänen in <111>-Orientierung. In Bereich A sind die Domänenwände *edge on* und verlaufen in [$1\bar{1}2$]-Richtung entsprechend der Indizierung im Beugungsbild. Dies entspricht der Blickrichtung [$1\bar{1}1$] für eine Domänenwand in (110). Bereich B dagegen, mit geneigten Domänenwänden, entspricht einer Blickrichtung in [111] auf eine Domänenwand in (110). Das zugehörige Beugungsbild ist dementsprechend indiziert und zeigt kaum eine Aufspaltung. Das aufgrund der Aufspaltung $s \approx 0,03$ in Bereich A abgeschätzte $\frac{c}{a}$-Verhältnis liegt bei $\approx 1,03$. Der rhomboedrische Winkel sollte bei $\approx 89,4°$ liegen (vgl. Abschnitt 4.2). Dies sind beides starke Verzerrungen. Für die tetragonale Verzerrung wäre im Bereich B ebenfalls eine Reflexaufspaltung von $s \approx 0,03$ zu erwarten, bei rhomboedrischer Verzerrung nur $s \approx 0,01$. Unter der Annahme, dass die Verzerrung in beiden Bereichen äquivalent ist, ist dies nicht mit einer rein tetragonalen Verzerrung zu erklären. Mit einer rhomboedrischen Verzerrung wäre dies dagegen möglich. Jedoch könnten in den Bereichen jeweils unterschiedliche Verzerrungen vorliegen. Eine monokline Verzerrung, die sowohl ein $\frac{c}{a}$-Verhältnis als auch eine Scherung erlaubt, kommt auch in Betracht.

Im Bereich A wurden konvergente Beugungsbilder an den in Abbildung 5.26 markierten Positionen aufgenommen (bei 300 kV). Es ist eine systematische Abfolge zu beobachten, mit einer vertikalen {110}-Spiegelebene für die Domäne 2 und 4 und fehlender Symmetrie für die Domänen 1, 3 und 5. Dies wird exemplarisch an den Beugungsbildern von Domäne 3 und 4 gezeigt. Eine solche systematische Abfolge kann, bei den vorliegenden Domänenwänden, nur mit monoklinen Domänen, die sich aus 90° Domänen entwickelt haben, erklärt werden. Nach einem Vergleich mit Simulationen können Domäne 5, 3, und 1 die Zonenachse [$0\bar{1}\bar{1}$] und Domäne 2 und 4 die Zonenachse [101] zugeordnet werden. Diese Orientierungen stimmen mit dem Modell 34 in Abbildung 4.6 überein.

Bei genauer Betrachtung des Beugungsbildes von Domäne 5 in Abbildung 5.27 fällt auf, dass die Symmetrie im Beugungsbild fast einer $(02\bar{2})_m$- bzw. $(112)_c$-Spiegelebene entspricht. Dies ist aber selbst in der kubischen Struktur keine Spiegelebene. Darum

5.6 PZT 54/46

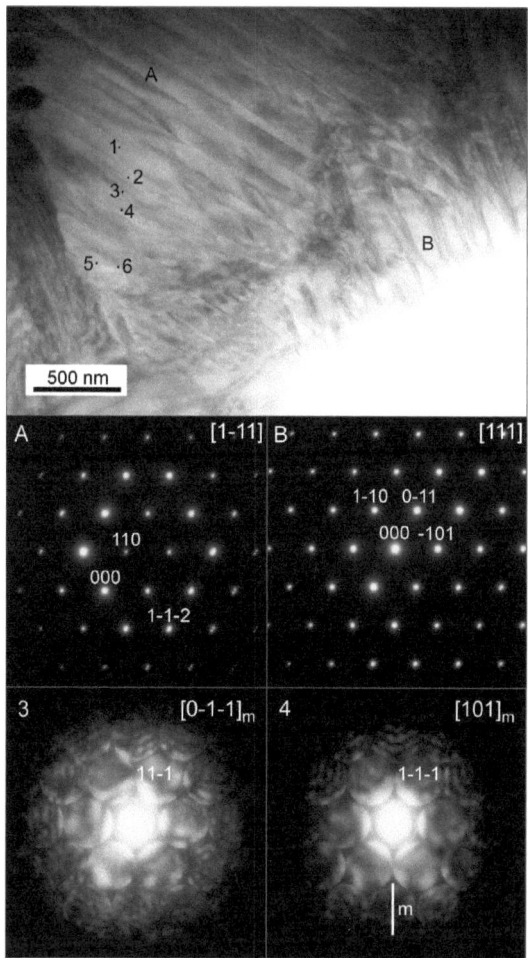

Abbildung 5.26: Hellfeldaufnahme in <111> von PZT 54/46 nach 1000 Zyklen bei 4 kV/mm. Bereich A mit den Domänenwänden *edge on* zeigt eine starke Aufspaltung im Beugungsbild links unten. Für Bereich B mit geneigten Domänenwänden ist kaum Aufspaltung zu beobachten. Die konvergenten Beugungsbilder im Bereich A zeigen abwechselnd keine Symmetrie und eine Spiegelebene.

5 Symmetrie von Domänen in $PbZr_{1-x}Ti_xO_3$

ist diese Pseudospiegelebene mit pm für *pseudo mirror* in dem simulierten $[0\bar{1}\bar{1}]_m$-Beugungsbild gekennzeichnet, das ebenfalls diese Pseudosymmetrie aufweist. Eine Projektion der monoklinen Struktur entlang $[0\bar{1}\bar{1}]_m$ zeigt, dass die Auslenkungen

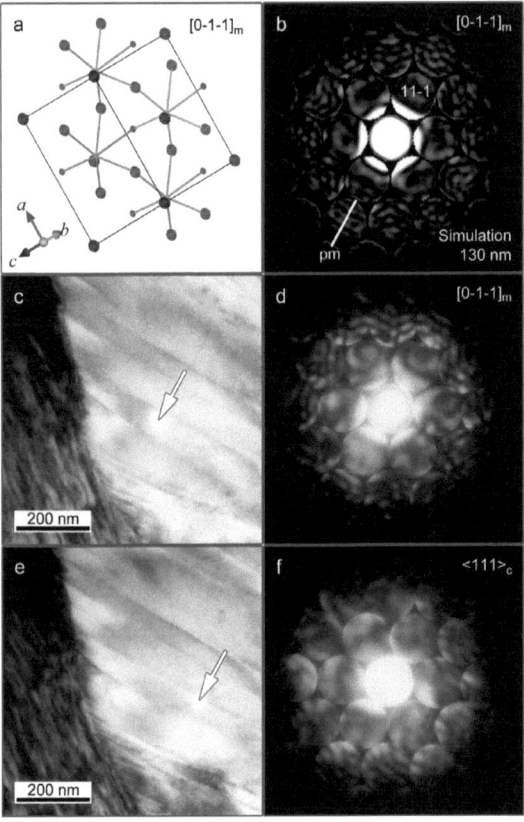

Abbildung 5.27: (a) Entlang $[0\bar{1}\bar{1}]_m$ projezierte monokline Struktur. Die Pb und Zr/Ti Auslenkungen liegen fast in der $(02\bar{2})_m$-Ebene und erzeugen eine Pseudosymmetrie im Beugungsbild (simuliert (b) und experimentell (d) aufgenommen innerhalb der Mikrodomäne (c)). Im Beugungsbild (f) aufgenommen über die Domänenwand (e) ist die Intensitätsverteilung deutlich undefinierter.

5.6 PZT 54/46

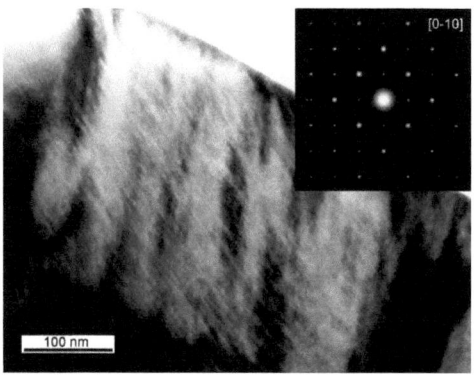

Abbildung 5.28: Hellfeldaufnahme entlang <100> der zyklierten Probe PZT 54/46. In diesem Bereich ist ein deutlicher Streifenkontrast in $[10\bar{1}]$ Richtung erkennbar. Gleichzeitig existiert ein hell/dunkel Kontrast, dessen Bereiche aber vom Streifenkontrast gekreuzt werden.

von Pb und Zr/Ti zum größten Teil innerhalb dieser $(02\bar{2})_m$ Ebene liegen. Der Symmetriebruch wird nur durch die nicht äquivalenten O1 und O2 in unterschiedlicher z-Position verursacht. Diese Pseudosymmetrie tritt in der tetragonalen und rhomboedrischen Struktur nicht auf und ist somit eine weitere Bestätigung des monoklinen Strukturmodells [1].
Im Bereich A wurde zusätzlich ein Beugungsbild mit Strahlposition auf der Domänenwand aufgenommen (vgl. Abbildung 5.27 (e)). Die Intesitätsverteilung im Beugungsbild (f) ist undefinierter und unterscheidet sich deutlich von der im Beugungsbild (d), aufgenommen inmitten der Domäne 5 (c). Somit wird der Symmetriebruch eindeutig durch die Kristallstruktur verursacht und nicht durch den Beitrag mehrerer Domänen.
Die Probe wurde im Experiment wenig verkippt und dadurch liegt die Einstrahlrichtung nahezu parallel zur Polungsrichtung z der Zyklierung. Durch diese Phasenumwandlung wäre es möglich die Polarisation in z-Richtung zu verändern, ohne die Mikrodomänenwände zu bewegen. Da es sich um ein *ex situ* Experiment handelt, kann hier dazu keine Aussage getroffen werden.
Die Probe wurde zwei Wochen später noch einmal untersucht. Dabei wurden Bereiche beobachtet wie in Abbildung 5.28 zu sehen. Es dominiert ein Streifenkontrast

5 Symmetrie von Domänen in PbZr$_{1-x}$Ti$_x$O$_3$

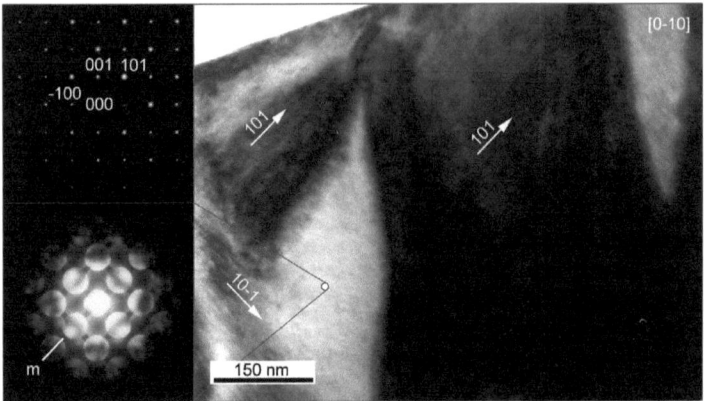

Abbildung 5.29: Hellfeldaufnahme entlang <100> der zyklierten Probe PZT54/46. Dieser Bereich ähnelt dem Kontrast rhomboedrischer 71°-Domänen wie z.B. in PZT 56/44 (Abb. 5.9). Das Beugungsbild zeigt keine Aufspaltung, im konvergenten Beugungsbild der hellen Domäne links ist eine {110}-Spiegelebene zu erkennen.

in [10$\bar{1}$]-Richtung, verursacht durch Nanodomänen. Zusätzlich sind Bereiche mit dunklem Kontrast zu beobachten. Dies ähnelt dem Kontrast von Mikrodomänen mit geneigten Domänenwänden. Diese Mikrodomänen sind jedoch nicht klar formiert. Die Grenzlinien zwischen hell und dunkel verlaufen in [001]-Richtung, wie es für geneigte (101)-Domänenwände der Fall ist. Auch ein δ-Streifen ähnlicher Kontrast ist teilweise zu beobachten. Die Grenzflächen zwischen Hell und Dunkel werden stark von dem Nano-domänenkontrast überlagert.

In Abbildung 5.29 ist ein Bereich zu sehen, der größere Mikrodomänen in klarerer Form aufweist. Die Mikrodomänen werden von geneigten ($\bar{1}$10)-Domänenwänden getrennt und laufen in Spitzen aus. Im Beugungsbild ist keine Aufspaltung zu beobachten. Innerhalb der Mikrodomänen existiert ein feiner Kontrast mit Vorzugsorientierung in [101]- für die hellen und in [10$\bar{1}$]-Richtung für die dunklen Domänen. Das konvergente Beugungsbild der hellen Domäne links zeigt eine schwach ausgeprägte ($\bar{1}$01)-Spiegelebene senkrecht zu diesem Nanodomänenkontrast[6]. Diese Beobachtungen sind vergleichbar mit den 71°-Domänen in PZT 56/44 in Abbildung 5.9.

---

[6]Die Probe ist an dieser Stelle sehr dünn, so dass das Beugungsbild wenig Details aufweist.

5.7 PZT 53,5/46,5

In der Probe PZT 53,5/46,5 wurden wie für PZT 54,5/45,5 verschiedene Domänenkonfigurationen innerhalb eines Korns beobachtet. Es traten lamellare Mikro-

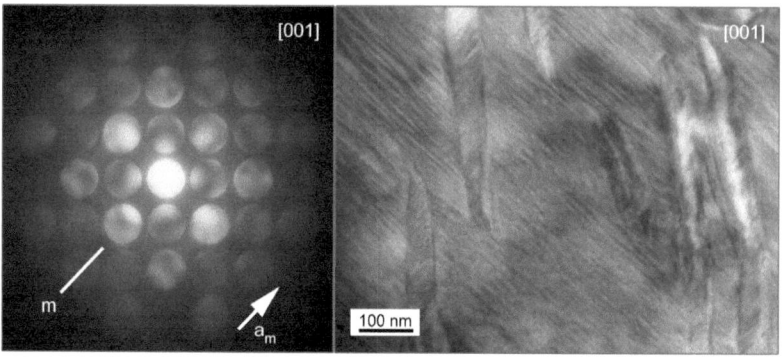

Abbildung 5.30: Konvergentes Beugungsbild von PZT 53,5/46,5 mit ($\bar{1}10$)-Spiegelebene. Das Bild stammt aus einem Bereich, in dem die Nanodomänenwände senkrecht zu [110] verlaufen.

domänen mit Nanodomänen, ungeordnete Domänen und weitläufige Domänen mit einem starken inneren Kontrast auf. Ein solcher Bereich ist in Abbildung 5.30 zu sehen. Die weitläufigen Domänen werden teilweise von kleineren Domänen, die eine längliche Ausdehnung in [010]-Richtung besitzen, durchschnitten. Vermutlich liegen die Mikrodomänenwände in (101)-Ebenen. Auch hier ändert sich die Orientierung der Nanodomänenwände zwischen den verschiedenen Mikrodomänen. Im Vergleich zu dem streifenförmigen Kontrast auf der rhomboedrischen Seite wirkt dieser klarer und eindeutiger durch Nanodomänen hervorgerufen.

Die Nanodomänenbreite liegt zwischen 5 und 10 nm und damit war eine detaillierte Untersuchung einzelner Nanodomänen schwierig. Es wurden einige <100>-ZAPs aufgenommen und in den meisten ist die Intensitätsverteilung dicht an einer {110}-Spiegelebene, wie auch im Beugungsbild in Abbildung 5.30. Dies entspricht eher rhomboedrischer Symmetrie. Jedoch ist fraglich, ob dieses Beugungsbild von einer einzelnen Nanodomäne stammt. Die Wahrscheinlichkeit ist jedoch hoch, dass Nachbardomänen zum Beugungsbild beitragen, so dass eine Aussage über die Symmetrie der Nanodomänen an dieser Stelle nicht getroffen werden kann.

5 Symmetrie von Domänen in PbZr$_{1-x}$Ti$_x$O$_3$

5.8 PZT 53/47

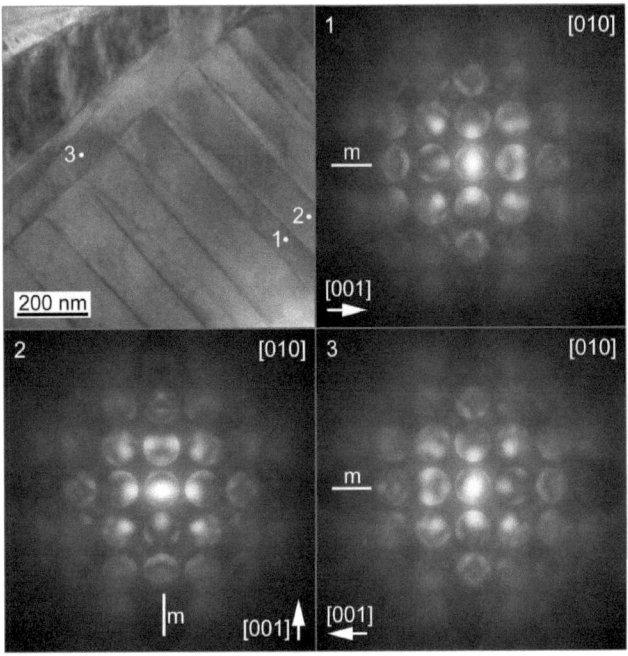

Abbildung 5.31: Domänenkonfiguration bestehend aus 90°-Domänen in PZT 53/47. Die Polarisation liegt in allen drei untersuchten Domänen in der Bildebene.

Abbildung 5.31 zeigt eine Domänenkonfiguration mit zueinander senkrecht verlaufenden lamellaren Domänen. Alle Mikrodomänenwände sind parallel zum Strahl orientiert und in allen konvergenten Beugungsbildern, aufgenommen an den drei in der Abbildung markierten Positionen, ist eine (100)-Spiegelebene zu sehen. Damit besitzen alle drei Domänen tetragonale Symmetrie. Für Domäne 3 scheint diese Symmetrie, vor allem im BP, jedoch leicht gestört. Zwischen Domäne 1 und 2 sowie zwischen Domäne 2 und 3 rotiert die Spiegelebene um 90°. Aus den 00l-Reflexen lässt sich auch die Polarität bestimmen. Die Domänenwand 1|2 ist eine 90°-*head to tail*-Wand. Die Domänenwand 1|3 wäre eine 180° *head to head*-Domänenwand, wes-

halb diese vermieden wird. Aus diesem Grund enden alle zu Domäne 1 äquivalenten Domänen in der Nähe von Domäne 3 in Spitzen. Eine solche Domänenkonfiguration wurde schon in den Zusammensetzungen PZT 52,5/47,5 und PZT 54/46 beobachtet [122].
Auch von dieser Probe wurden in dünneren Bereichen hochauflösende Abbildungen aufgenommen. In diesen erscheint das Gitter innerhalb der 90°-Domänen weitgehend homogen und die Domänen sind anhand ihrer Orientierung zu unterscheiden, wie es für PZT 54/46 (Abbildung 5.19 (a)) beschrieben wurde. Im Bereich von Nanodomänen wurden ähnliche Effekte beobachtet wie in Abbildung 5.19 (d). Die Nanodomänenwände waren aber diagonal zur Mikrodomänenwand orientiert, ähnlich zu den Nanodomänen in der Nähe von Domäne 3 in Abbildung 5.31.
Ähnliche Nanodomänen sind in der Nachbardomäne von Domäne 3 zu beobachten. Diese Nanodomänen, mit geneigten Domänenwänden, waren jedoch bei der großen Probendicke in dem Bereich nicht für eine Untersuchung mit CBED geeignet.

5.9 PZT 52,5/47,5

Für diese Zusammensetzung wurden größtenteils Domänenkonfigurationen mit lamellaren tetragonalen Domänen beobachtet, wie sie im vorigen und nachfolgenden Abschnitt zu sehen sind. Diese Zusammensetzung wurde bereits in meiner Diplomarbeit [122] untersucht .

5.10 PZT 52/48

In der Probe PZT 52/48 konnte ein Korn in die Zonenachsenorientierungen <100>, <110> und <111> gekippt werden. Dies ermöglichte eine komplette Punktgruppenbestimmung. Die [001]-Hellfeldabbildung des Korns ist in Abbildung 5.32 rechts oben zu sehen. Zu erkennen sind lamellare Domänen mit geneigten Wänden, die in [010]-Richtung verlaufen. Deutlich zu erkennen ist der δ-Streifenkontrast. In den Orientierungen [011] und [111] sind die Domänenwände *edge on* orientiert. Somit handelt es sich um Domänenwände in ($0\bar{1}1$)-Ebenen. Die Vermutung liegt nahe, dass es sich um tetragonale ac-Domänen handelt. In <100>-Orientierung wurden zwei Domänen untersucht. Im Beugungsbild von Domäne 1 ist höchstens eine vertikal verlaufende (100)-Spiegelebene zu beobachten. Damit liegt in dieser Domäne die a-Achse parallel zum Strahl, die c-Achse liegt in der Bildebene. In Domäne 2

5 Symmetrie von Domänen in PbZr$_{1-x}$Ti$_x$O$_3$

dagegen liegt aufgrund der Zwillingsoperation der Domänenwand die c-Achse parallel zum Strahl. Dadurch ist im Beugungsbild eine vierzählige Symmetrie zu sehen, mit vier Spiegelebenen in (110), (010), ($\bar{1}$10) und (100). Von Domäne 2 sind weitere konvergente Beugungsbilder in [101]- und [111]-Orientierung zu sehen. In [101] ist die vertikale (010)-Spiegelebene und in [111] die diagonale ($\bar{1}$10)-Spiegelebene zu erkennen. Letztere ist auch deutlich im FOLZ-Ring auszumachen. An dieser Stelle rentiert sich ein Blick auf die stereographischen Projektionen in Abbildung 5.1. Der [$\bar{1}$00]-Pol entspricht Domäne 1, die anderen drei Zonenachsen wurden in Domäne 2 durch Verkippen der Probe eingestellt. Im Falle monokliner Symmetrie wäre nur in den Beugungsbildern entlang [001] und [111] die ($\bar{1}$10)-Spiegelebene zu beobachten. Tatsächlich ist die (010)-Spiegelebene im [101]- und [$\bar{1}$00]-Beugungsbild etwas gestört. Somit sind alle beobachteten Symmetrien auch mit einer geringfügig monoklin verzerrten Struktur zu erklären. Die Abweichungen sind jedoch gering und könnten auch experimentell bedingt sein. Eine eindeutige Aussage lässt sich an dieser Stelle schwer treffen. Für diese Zusammensetzung sollte jedoch die tetragonale Phase übergwiegen [4, 89].

5.10 PZT 52/48

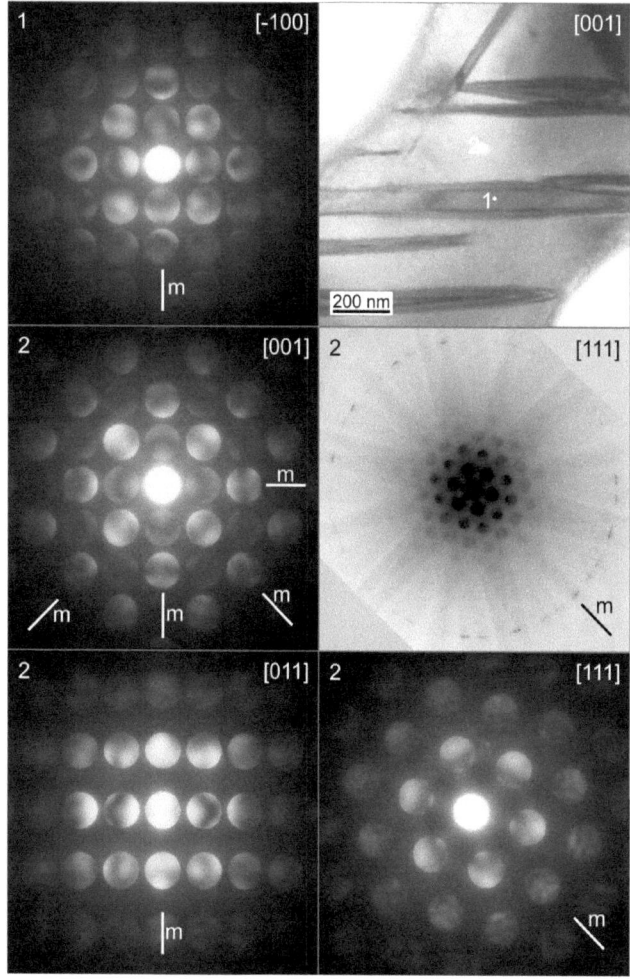

Abbildung 5.32: Ein Korn in PZT 52/48, von dem in <100>-, <110>- und <111>-Orientierung CBED-Bilder aufgenommen wurden.

5 Symmetrie von Domänen in PbZr$_{1-x}$Ti$_x$O$_3$

5.11 PZT 45/55

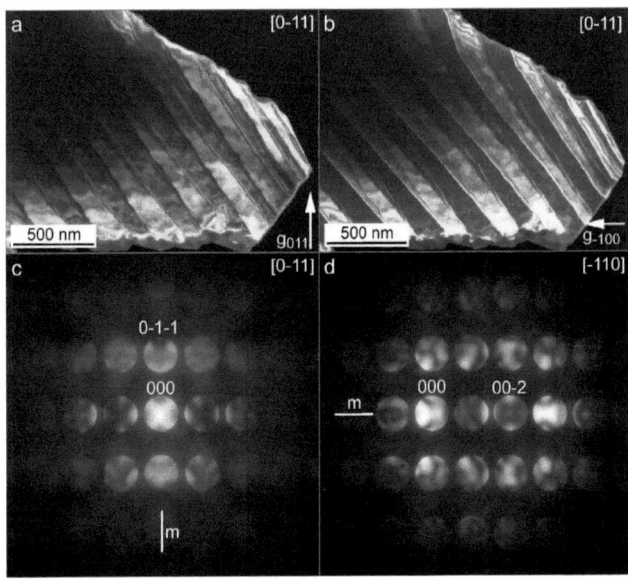

Abbildung 5.33: Dunkelfeldabbildungen mit (a) $g_{0\bar{1}1}$ bzw. (b) g_{100}, sowie konvergente Beugungsbilder benachbarter Domänen in (c) und (d).

Die Zusammensetzung PZT 45/55 wurde als Referenzprobe für tetragonales PZT abseits der MPB untersucht. Abbildung 5.33 (a) und (b) zeigen ein kleines Korn mit charakteristischen, lamellaren Domänen in [0$\bar{1}$1]-Orientierung. Die Domänenwände sind geneigt und die δ-Streifen verlaufen in [$\bar{1}$11]-Richtung entsprechend (110)-Wänden. Auch die Reflexaufspaltung im SAD-Bild (nicht gezeigt) stimmt mit dem Modell für tetragonale 90° Domänen überein. Beide Aufnahmen sind Dunkelfeldabbildungen, in (a) wurde der 011-Reflex zur Abbildung verwendet, in (b) der $\bar{1}$00-Reflex. Dadurch entsteht ein Kontrast, da jeweils nur in einer Domänenschar die Polarisation eine parallele Komponente zum Beugungsvektor besitzt. Das ZAP in Abbildung 5.33 (c) zeigt eine vertikal orientierte (100)-Spiegelebene. Somit ist die Zonenachse für diese Domäne [0$\bar{1}$1]. In dem DP der benachbarten Domäne in (d) mit $g_{00\bar{2}}$ in Bragg-Bedingung ist dagegen eine horizontale (110)-Spiegelebene zu

5.11 PZT 45/55

beobachten. Damit ist der Strahl in dieser Domäne parallel zu $[\bar{1}10]$.
In Abbildung 5.34 sind konvergente Beugungsbilder der vierzähligen Achse in PZT

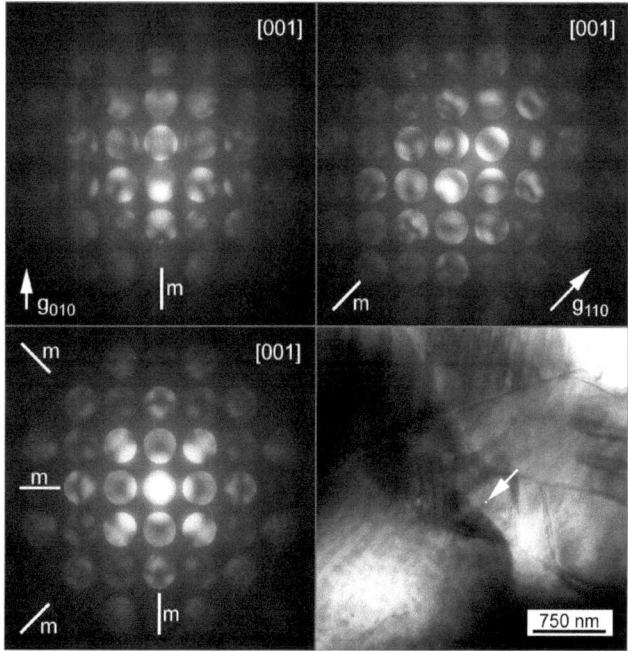

Abbildung 5.34: Vierzählige Symmetrie entlang [001] in PZT 45/55. Links unten, ist das ZAP zu sehen, links oben das DP mit g_{010} und rechts oben das DP mit g_{110}. Alle drei Beugungsbilder wurden an der, mit dem Pfeil markierten Domäne aufgenommen.

45/55 zu sehen. Das ZAP, in dem alle Symmetrieelemente zu sehen sind, befindet sich links unten. Zusätzlich sind noch die DPs mit Strahlverkippung in (100) (links oben) und ($\bar{1}10$) (rechts oben) dargestellt, die die (100) und ($\bar{1}10$)-Spiegelebene deutlicher zeigen. Die Abweichungen von der idealen Symmetrie in den Beugungsbildern sind für diese Probe geringer. Dies ist auf den Abstand zur morphotropen Phasengrenze zurückzuführen. Im Ti-reichen Model von Grinberg et al. [100] sind die lokalen Auslenkungen annähernd geordnet. Hin zur MPB erhöht sich die Unordnung. Pandey [86] erwähnt die Erweichung des Gitters hin zur MPB. Von daher ist es nicht

135

5 Symmetrie von Domänen in $PbZr_{1-x}Ti_xO_3$

verwunderlich, dass die Beugungsbilder von PZT 45/55 abseits der MPB eher der idealen $4mm$ Symmetrie entsprechen als die Beugungsbilder von PZT 52/48. Die Probenstelle, von der die Beugungsbilder aufgenommen wurden, ist in der Abbildung rechts unten markiert. Eine ac-Domänenkonfiguration ist zu erkennen. Die c-Domänen sind erstaunlich breit. Der Bereich wird nach oben und unten durch C-Wände, von Bereichen mit aa-Domänen abgegrenzt. Die C-Wände sind nicht so streng an bestimmte Ebenen gebunden wie die Domänenwände.

Die beobachteten Domänenkonfigurationen entsprechen den Erwartungen für tetragonales PZT. Vereinzelt wurden jedoch auch für PZT 45/55 sehr schmale Domänen

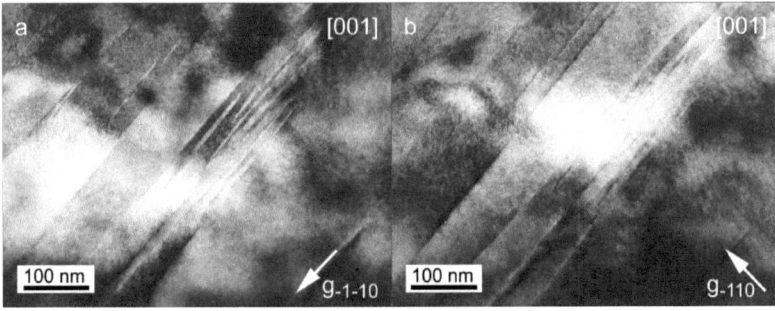

Abbildung 5.35: [010]-Dunkelfeldabbildungen von PZT 45/55 mit $g_{\bar{1}\bar{1}0}$ parallel zu den Domänenwänden (a) und mit $g_{\bar{1}10}$ senkrecht zu den Domänenwänden (b).

mit Breiten von etwa 10 nm beobachtet. Diese sind in den Dunkelfeldbildern Abbildung 5.35 neben Mikrodomänen von über 150 nm Breite zu sehen. Die schmalen Domänen sind äquivalent zu den breiten Mikrodomänen und unterscheiden sich somit von Nanodomänen, die sich innerhalb von Mikrodomänen als Folge eines weiteren Phasenübergangs bilden.

5.12 Zusammenfassung der Beobachtungen an $PbZr_{1-x}Ti_xO_3$

In den untersuchten Domänenkonfigurationen, die entsprechend der Durchführbarkeit der Experimente ausgewählt wurden, konnten alle drei in Frage kommenden Punktgruppen identifiziert werden. Die Probe PZT 45/55 zeigte klar die zu erwartende vierzählige Symmetrie entlang [001], aber auch noch bis zur Zusammensetzung 54/46 konnten eindeutig 90°-Domänen beobachtet werden. Der Einschluss in der Probe PZT 56/44, der nahezu tetragonale Symmetrie zeigte, ist als Ausnahme zu betrachten.

Für die Probe PZT 54/46 konnte bei Zimmertemperatur neben der tetragonalen auch noch die monokline Symmetrie nachgewiesen werden, dies sogar in relativ breiten Mikro- aber auch in einzelnen Nanodomänen. Die experimentellen Beugungsbilder konnten gut durch Simulationen mit dem monoklinen Strukturmodell reproduziert werden. Mit Hilfe der Simulationen konnte auch die Orientierung in den einzelnen Domänen bestimmt werden. So wurden in Kapitel 4 aufgestellte Domänenmodelle bestätigt. Da die Nanodomänen innerhalb von tetragonalen Mikrodomänen mit steigender Temperatur im *in situ* Heizexperiment verschwanden, wurde ihre Bildung der Symmetrieerniedrigung von $4mm \to m$ zugeschrieben.

Für Zusammensetzungen $x \leq 0,45$ konnte für Mikrodomänen eindeutig die rhomboedrische Symmetrie nachgewiesen werden. Einige der rhomboedrischen Domänen zeichnen sich jedoch durch einen feinen Streifenkontrast aus, der immer senkrecht zur Spiegelebene verläuft. Diese Nanodomänen besitzen für eine Untersuchung mittels CBED eine zu geringe Ausdehnung, so dass über ihre Symmetrie nur Vermutungen angestellt werden können. Der beobachtete Streifenkontrast lässt sich aber gut mit monoklinen Rotationszwillingen erklären, die sich bei einer Symmetrieerniedrigung von $3m \to m$ bilden können. Diese können auch die Anisotropie der FOLZ-Intensitäten in $[\bar{1}\bar{1}1]$-Beugungsbildern erklären.

5 Symmetrie von Domänen in $PbZr_{1-x}Ti_xO_3$

6 PbTiO$_3$

Die Symmetrie von PbTiO$_3$ ist *P4mm* und steht nicht zur Frage. Die konvergente Beugung wurde hier mit dem Ziel durchgeführt, Strukturparameter und Röntgenstrukturfaktoren niedriger Beugungsordnung aufgrund der Beugungsbilder zu verfeinern. Aus den so bestimmten Röntgenstrukturfaktoren kann die 3-dimensionale Elektronendichte rekonstruiert werden. Die Bestimmung der Strukturfaktoren und der Elektronendichte anhand von Röntgenbeugung an Einkristallen ist aufgrund der Domänen im Material nicht ohne weiteres möglich.

6.1 Startmodell

Die Gitterparameter sowie die Startwerte der Atompositionen und Temperaturfaktoren wurden mit einer kombinierten Verfeinerung von Röntgen- und Neutronenpulverbeugungsdaten von Herrn Manuel Hinterstein bestimmt. Die Diffraktogramme sind in Abbildung 6.1 zu sehen, die erhaltenen Strukturparameter sind in Tabelle 6.1 aufgelistet. Da das Programm MBFIT [22] anisotrope Temperaturfaktoren in β_{ij}-Darstellung verwendet, wurden die isotropen Temperaturfaktoren U_{iso} entsprechend umgerechnet [123].

6.2 Verfeinertes Strukturmodell

Die Verfeinerung erfolgte anhand von 7 Datensätzen mit Einstrahlrichtungen um die [00$\bar{1}$]-, [100]- und [110]-Zonenachsen. Die zu dem jeweiligen Datensatz gehörende Einstrahlrichtung kann Tabelle 6.2 entnommen werden. Die Beugungsbilder sind im Anhang in Abbildung D.1 und D.2 zu sehen. Ebenfalls im Anhang D, in Abbildung D.3 und D.4, sind einige Reflexe der beiden Datensätze [00$\bar{1}$] DP 100 und [110] dargestellt. In der ersten Spalte befinden sich die experimentell gemessenen Reflexe, in der zweiten die mit dem Strukturmodell berechneten und in der dritten die Differenz aus beiden. Die Berechnung umfasste insgesamt 473 Reflexe. Exakt wurden Reflexe

6 PbTiO₃

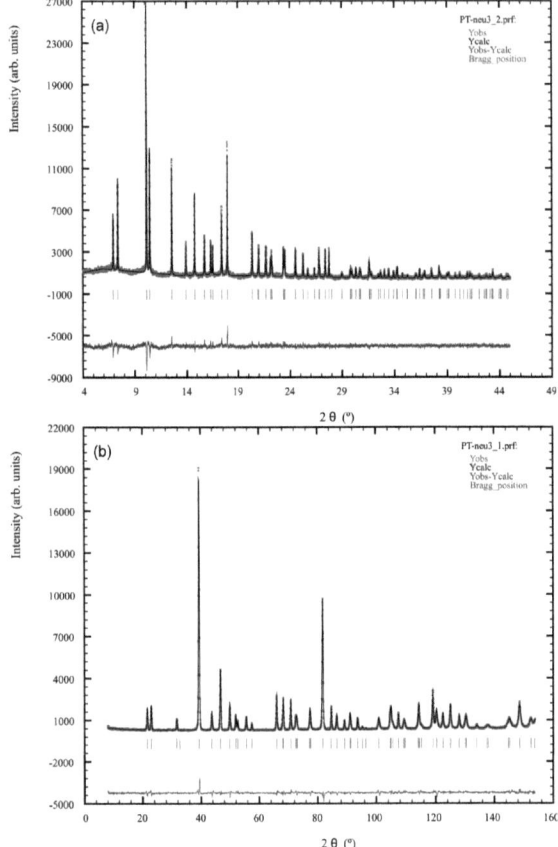

Abbildung 6.1: (a) Röntgen- und (b) Neutronenpulverbeugungsdiagramm von PbTiO₃.

mit einem Anregungsfehler $s_g \leq 0,03\,\text{Å}^{-1}$ berechnet, dies waren 329. Die übrigen 144 Reflexe mit einem Anregungsfehler $0{,}03\,\text{Å}^{-1} s_g \leq 0,05\,\text{Å}^{-1}$ wurden nach dem *generalized Bethe potential* (GBP) behandelt.

Für die Beugungsbilder mit Einstrahlrichtung parallel bzw. nahezu parallel zur c-Achse sind die Übereinstimmungen von simulierten und beobachteten Intensitäten zufriedenstellend. Sowohl die Intensitätsverteilungen innerhalb der ZOLZ-Reflexe

6.2 Verfeinertes Strukturmodell

Röntgen- und Neutronenbeugung Gitterparameter [Å]: $a = b = 3,90018(4)$, $c = 4,15125(6)$						
atom	x	y	z	U_{iso}	β_{11}	β_{33}
Pb^{2+}	0,0	0,0	0,0	0,0084(2)	0,0109	0,0096
Ti^{4+}	0,5	0,5	0,536(1)	0,0051(8)	0,0067	0,0059
O_1^{2-}	0,5	0,5	0,109(1)	0,0118(10)	0,0153	0,0135
O_2^{2-}	0	0,5	0,616(1)	0,0088(6)	0,0114	0,0101
CBED						
Pb^{2+}	0,0	0,0	0,0		0,00997(2)	0,01052(4)
Ti^{4+}	0,5	0,5	0,5539(1)		0,00685(2)	0,00738(3)
O_1^{2-}	0,5	0,5	0,1172(2)		0,0125(2)	0,0030(1)
O_2^{2-}	0	0,5	0,6353(2)		0,00712(4)	0,0087(1)

Tabelle 6.1: Strukturparameter aus Röntgen- und Neutronendaten (oben) und aus CBED-Daten (unten) zum Vergleich.

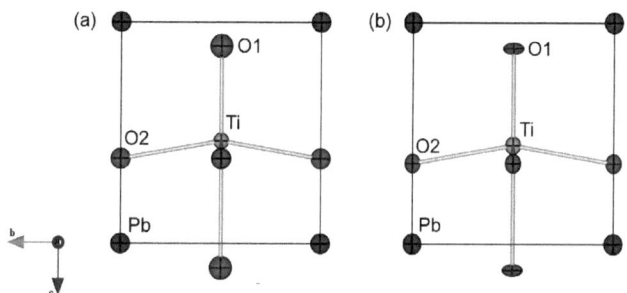

Abbildung 6.2: (a) Strukturmodell von $PbTiO_3$ mit isotropen Temperaturfaktoren bestimmt aus Pulverbeugung (b) Das aufgrund der CBED-Daten verfeinerte Strukturmodell mit anisotropen Temperaturfaktoren (ADPs).

als auch die Linien in den FOLZ-Reflexen werden gut durch die Simulationen reproduziert. Anders sieht es für die Einstrahlrichtungen senkrecht zur Polarisation aus. Hier fällt vor allem für die FOLZ-Reflexe eine Diskrepanz auf. Bei einigen FOLZ-Reflexen sind die beobachteten Linien wesentlich breiter als die berechneten. Auch

6 PbTiO$_3$

[uvw]	Datensatz
[00$\bar{1}$] ZAP	res0
[00$\bar{1}$] DP 100	res1
[00$\bar{1}$] DP 110	res2
[100] ZAP	res3
[100] DP 00$\bar{2}$	res4
[110] ZAP	res5
[110] DP 00$\bar{1}$	res6

Tabelle 6.2: Einstrahlrichtungen der aufgenommenen und zur Verfeinerung verwendeten Beugungsbilder von PbTiO$_3$. Die Beugungsbilder sind im Anhang D zu sehen.

die Anzahl oder der Abstand der Linien lässt sich teilweise nicht in Übereinstimmung bringen. Die Probendicke kann als Ursache ausgeschlossen werden, da Simulationen mit anderen Werten zu einer deutlichen Verschlechterung führten. Auch die Intensitätsverteilung innerhalb der ZOLZ-Reflexe stimmt für die Zonenachsen senkrecht zu [001] nicht so gut mit der Simulation überein, wie es für die [00$\bar{1}$]-Zonenachse der Fall ist. Gerade die Richtungen senkrecht zur Polarisation sind jedoch für eine Rekonstruktion der dreidimensionalen Elektronendichte von Bedeutung.

Die nach der Verfeinerung erhaltenen Atompositionen und anisotropen Temperaturfaktoren (ADPs) sind neben den Startwerten in Tabelle 6.1 aufgelistet, das Strukturmodell ist in Abbildung 6.2 ebenfalls neben dem Ausgangsmodell dargestellt. Die ferroelektrische Auslenkung ist in dem anhand der CBED-Daten verfeinerten Modell stärker. Zusätzlich fällt das flache thermische Ellipsoid des O1 auf.

Für die Rekonstruktion der Elektronendichte wurden erst im Wechsel dann zusätzlich zu den Atompositionen und anisotropen Temperaturfaktoren 18 Strukturfaktoren verfeinert[1]. Die Werte von χ^2 für die verschiedenen Datensätze vor und nach der Verfeinerung sind in Tabelle 6.3 aufgelistet. Dabei muss beachtet werden, dass die absoluten Werte von χ^2 von der verwendeten Anzahl an Pixeln abhängt. Ebenso ändert sich der Wert von χ^2 bei der Umstellung des Wichtungsfaktors w_{ZOLZ}. Es wurden Strukturfaktoren bis $|g| \leq 0.6030$Å verfeinert[2]. Dabei wurden elastische Strukturfaktoren angenommen. Unter dieser Annahme sind die Strukturfakto-

---
[1]Im letzten Schritt wurden nur die Atompositionen und Temperaturfaktoren verfeinert.
[2]Primärstrahl wurde nicht verfeinert.

6.2 Verfeinertes Strukturmodell

data set	0	1	2	3	4	5	6
Startwerte							
χ^2	9641	19499	20883	24260	79335	115773	417591
χ^2 ZOLZ	2598	8753	12211	18272	70113	53996	287831
χ^2 HOLZ	7043	10746	8672	5988	9222	61777	129760
Nach Schritt 5: Strukturfaktoren, Atomposition und ADPs							
χ^2	9862	18421	16690	24322	50584	217046	101714
χ^2 ZOLZ	2750	7737	8406	17964	40741	89385	41539
χ^2 HOLZ	7112	10684	8284	6358	9843	127661	60175
Nach Schritt 6: Atompositionen und ADPs							
χ^2	7265	11240	8775	7071	13717	114844	97056
χ^2 ZOLZ	273	856	871	1736	4196	8385	9619
χ^2 HOLZ	6992	10384	7904	5335	9521	106459	87437

Tabelle 6.3: Verlauf von χ^2 während der Verfeinerung. Die absoluten Werte hängen von der Anzahl der Pixel ab. Zwischen Schritt 5 und 6 wurde der Wichtungsfaktor w_{ZOLZ} um den Faktor 10 herabgesetzt.

ren von Reflexen mit einem Beugungsvektor senkrecht zur polaren Achse real. Die Strukturfaktoren von Friedelpaaren sind komplex konjugiert. Als Startwerte wurden Strukturfaktoren basierend auf neutralen Atomen berechnet. Diese sind neben den verfeinerten in Tabelle 6.4 aufgelistet.

Mit den verfeinerten Röntgenstrukturfaktoren wurde ebenfalls mit dem Programm MBFIT [22] entsprechend Gleichung 1.12 und 1.14 das Potential und die Elektronendichte rekonstruiert. Abbildung 6.3 zeigt die Elektronendichte und das Potential in der (100)-PbO- bzw. (100)-TiO$_2$-Ebene. Die minimale Elektronendichte entlang der kurzen Ti-O1 Bindung liegt zwischen 1 und 1,2 $e^-/\text{Å}^3$ und damit deutlich über dem Wert der langen Bindung mit 0,2 - 0,4 $e^-/\text{Å}^3$. Dies zeugt vom kovalenten Charakter der kurzen Bindung und ist vergleichbar zu den von Kuroiwa et al. [51] angegebenen Werten von 1,25 $e^-/\text{Å}^3$ für die kurze und 0,22 $e^-/\text{Å}^3$ für die lange Bindung. Für die Ti-O2 Bindung liegt der Wert zwischen 0,4 und 0,6 $e^-/\text{Å}^3$ und damit unter dem Wert von 0,90 $e^-/\text{Å}^3$ von Kuroiwa et al.. Die Tendenz zu Kovalenz für die kurze Pb-O2 Bindung ist ebenfalls aus dem Schnitt erkennbar. Die Elektronendichte liegt dort jedoch bei etwa 0,3 $e^-/\text{Å}^3$. Die von Tanaka et al. [53] bestimmte Elektronendichte-

6 PbTiO₃

Strukturfaktor		Startwerte		nach 6 Zyklen	
h k l	|g| [Å⁻¹]	ℜ [Å]	ℑ [Å]	ℜ [Å]	ℑ [Å]
0 0 0	0	26,390	0	26,390	0
0 1 0	0,2564	2,530	0	2,988(3)	0
0 0 1	0,2409	3,115	2,450	3,890(5)	2,739(5)
00$\bar{1}$	0,2409	3,115	-2,450	3,890(5)	-2,739(5)
1 1 0	0,3626	10,206	0	10,650(3)	0
01$\bar{1}$	0,3518	10,708	-0,0361	10,927(6)	0,722(6)
011	0,3518	10,708	0,0361	10,927(6)	-0,722(6)
$\bar{1}$1$\bar{1}$	0,4353	6,643	1,835	6,194(3)	1,867(3)
$\bar{1}$11	0,4353	6,643	-1,835	6,194(3)	-1,8672(3)
2 0 0	0,5128	12,033	0	11,893(5)	0
00$\bar{2}$	0,4819	9,354	4,844	7,647(9)	6,013(7)
002	0,4819	9,354	-4,844	7,647(9)	-6,013(7)
2 1 0	0,5733	1,928	0	1,957(6)	0
01$\bar{2}$	0,5458	3,111	-2,150	3,621(11)	-2,841(7)
012	0,5458	3,111	2,150	3,621(11)	2,841(7)
02$\bar{1}$	0,5666	2,269	-1,287	2,693(7)	-1,866(9)
021	0,5666	2,269	1,287	2,693(7)	1,866(9)
$\bar{1}$1$\bar{2}$	0,6030	7,036	-0,009	6,762(6)	1,223(7)
$\bar{1}$12	0,6030	7,0362	-0,009	6,762(6)	-1,223(7)

Tabelle 6.4: Real- und Imaginärteil in [Å] der verfeinerten Strukturfaktoren neben den Startwerten basierend auf neutralen Atomen.

6.2 Verfeinertes Strukturmodell

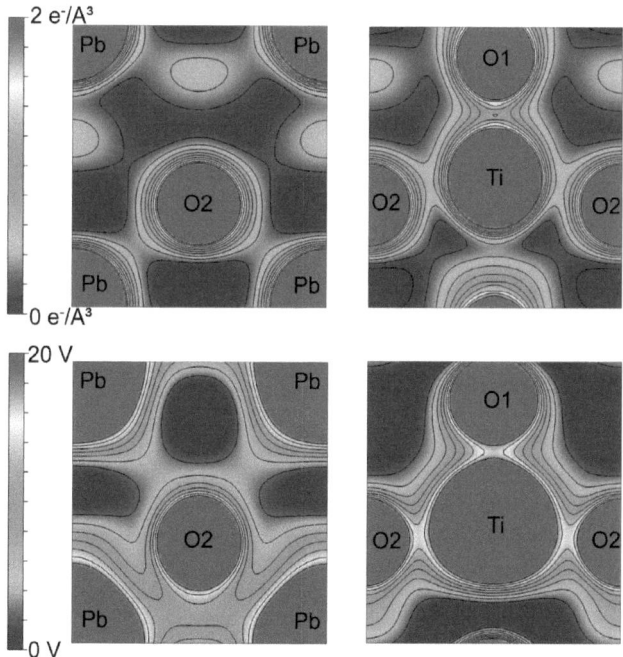

Abbildung 6.3: (oben) Elektronendichte in der (100) PbO- bzw. TiO$_2$-Ebene. Höhenlinien von 0,2 bis 2 $e^-/\text{Å}^3$ sind eingezeichnet. (unten) Das elektrostatische Potential mit Höhenlinien von 2-18 V.

verteilung zeigt an dieser Stelle einen Wert über 0,4 $e^-/\text{Å}^3$. Die in dieser Arbeit hier dargestellte rekonstruierte Elektronendichte zeigt im Gegensatz zu der von Tanaka *et al.* auch abseits der Bindungen über 0,4 $e^-/\text{Å}^3$ in der PbO-Ebene. Das eine Maximum könnte mit der von Cohen [47] postulierten polarisierten Elektronenwolke des Pb erklärt werden. Für das zweite Maximum bei $y = 0,5$ und $z \approx 0,2$ lässt sich jedoch keine plausible Erklärung finden. Die rekonstruierte Elektronendichte liegt dort höher als in der kurzen Pb-O2 Bindung. Somit ist anzunehmen, dass es sich bei den Nebenmaxima um Artefakte aufgrund der begrenzten Zahl an Fourier-Koeffizienten handelt.

In Abbildung 6.4 sind die Isoflächen gleicher Elektronendichte eingefärbt mit dem Potential zu sehen. Zum Vergleich mit den Abbildungen 2.3 sind die Isoflächen für

6 PbTiO₃

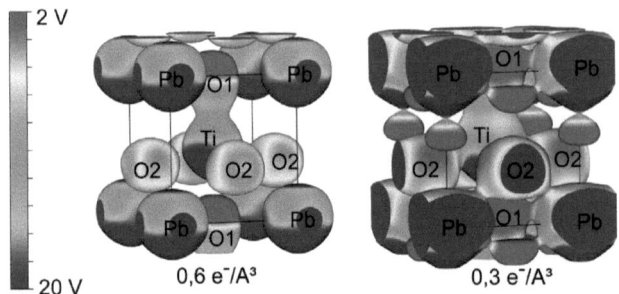

Abbildung 6.4: Isoflächen gleicher Elektronendichte (links: $0{,}6\,e^-/\text{Å}^3$ und rechts: $0{,}3\,e^-/\text{Å}^3$) eingefärbt mit dem elektrostatischen Potential von $2\,\text{V}$ (rot) bis $20\,\text{V}$ (blau).

zwei Werte dargestellt, $0{,}6\,e^-/\text{Å}^3$ und $0{,}3\,e^-/\text{Å}^3$. Der erste Wert ist dichter an dem von Tanaka et al. [53] verwendeten Wert von $0{,}86\,e^-/\text{Å}^3$, der zweite vergleichbar mit dem von Cohen [47] verwendeten von $0{,}26\,e^-/\text{Å}^3$. An den Isoflächen von $0{,}6\,e^-/\text{Å}^3$ ist die kovalente Bindung zwischen Ti und O1 zu erkennen. Die Einfärbung der Isoflächen ist qualitativ ähnlich zu der von Tanaka et al. [53]. Im Vergleich zu [53] wirkt die Verteilung um O2 relativ isotrop. Durch das an der Färbung zu erkennende leicht erhöhte Potential zeichnet sich die mögliche Kovalenz zwischen Pb und den nächstgelegenen O2 ab. Diese Bindung ist in der Darstellung der Isoflächen von $0{,}3\,e^-/\text{Å}^3$ zu erkennen. Zusätzlich erscheinen die Ti-O2 und die Pb-O1 Bindungen kovalent. Außerdem treten die bereits erwähnten Nebenmaxima hervor. Das eine Nebenmaximum ähnelt der von Cohen [47] postulierten polarisierten Elektronenwolke des Pb. Die anderen Maxima wurden in der Literatur nicht erwähnt und so bleibt es fraglich welche Maxima real sind und bei welchen es sich um Artefakte der Verfeinerung handelt. So liegt der von Cohen [47] gewählte Wert von $0{,}26\,e^-/\text{Å}^3$ dicht am Niveau des Untergrunds der mittels Röntgenbeugung experimentell bestimmten Elektronendichte [51]. Von daher ist es möglicherweise unangebracht Isoflächen experimentell bestimmter Elektronendichteverteilungen für solch niedrige Werte darzustellen.
Für eine eindeutigere Interpretation wurde die Differenzelektronendichte berechnet. Dazu wurde die mit neutralen sphärischen Atomen berechnete Elektronendichteverteilung von der aus den verfeinerten Strukturfaktoren rekonstruierten subtrahiert. In Abbildung 6.5 sind die Isoflächen der Differenz für die Werte $\pm 0{,}5\,e^-/\text{Å}^3$ im Struk-

6.3 Ausblick

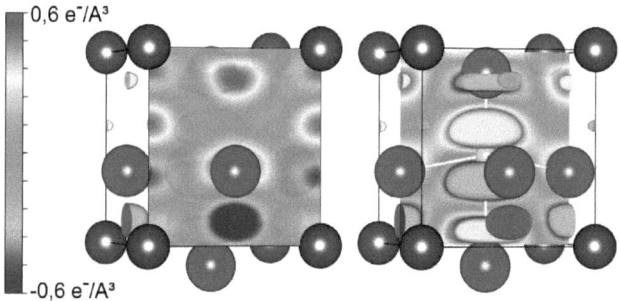

Abbildung 6.5: Differenz der verfeinerten Elektronendichte gegenüber den Startwerten. Aufgetragen von $-0{,}6\,e^-/\text{Å}^3$ (blau) bis $0{,}6\,e^-/\text{Å}^3$ (rot) in der (100) PbO- und TiO$_2$- sowie der (110)-Ebene. Zusätzlich sind die Isoflächen bei einem Wert von $\pm 0{,}5\,e^-/\text{Å}^3$ dargestellt.

turmodell dargestellt. Eine gelbe Färbung zeugt von erhöhter, eine blaue Färbung von geringerer Elektronendichte. Ebenfalls zu sehen sind die zweidimensionalen Verteilungen in der (100)-PbO- und der (100)-TiO$_2$-Ebene. Deutlich zu erkennen ist die erhöhte Elektronendichte der kurzen und die verringerte der langen Ti-O1 Bindung. Dies entspricht der Ausbildung einer kurzen kovalenten Ti-O1 Bindung und dem ionischen Charakter der langen Ti-O1 Bindung in Übereinstimmung mit Kuroiwa et al. [51] und Cohen [47]. Zusätzlich erscheint die Elektronenhülle des O1 deutlich polarisiert.

6.3 Ausblick

Die in diesem Kapitel aufgeführten Ergebnisse stellen nur den vorläufigen Zwischenstand dar. Für die [00$\bar{1}$]-Zonenachse ist die Übereinstimmung zwischen den beobachteten und mit dem verfeinertem Strukturmodell berechneten Intensitäten bereits zufriedenstellend. Für die Zonenachsen senkrecht zur c-Achse werden die Übereinstimmungen schlechter. Auffallend ist hier die starke Abweichung zwischen den gemessenen und berechneten Intensitäten einiger FOLZ-Reflexe. Dagegen zeigen andere FOLZ-Reflexe eine befriedigende Übereinstimmung. Da die zu breiten Linien meist in FOLZ-Reflexen mit hohem l-Index auftreten, liegen anisotrope Temperaturfaktoren als Ursache nahe. Diese wurden jedoch verfeinert, und nur für O1

6 PbTiO₃

wurde eine signifikante Änderung gegenüber den mit Neutronenbeugung bestimmten Ellipsoiden beobachtet.

Ob diese Parameter die Ursache der Nebenmaxima und -minima in der Elektronendichteverteilung sind, ist ungeklärt. Neben den in Tabelle 6.2 aufgeführten Beugungsbildern konnten auch Beugungsbilder mit Einstrahlrichtungen um die [101]- und [111]-Zonenachsen noch nicht zufriedenstellend durch Simulationen beschrieben werden. Bisher wurden elastische Strukturfaktoren angenommen. Die Absorption in experimentellen Beugungsbildern ist aufgrund des Pb hoch. Aus diesem Grunde sollte eine Verfeinerung von absoluten Strukturfaktoren inklusive absorptiven Anteil getestet werden. Dabei stehen mehr unabhängige Parameter zur Verfügung, weshalb dies mit Vorsicht durchzuführen ist.

Es sollte auch geklärt werden, wie weit sich die Auswahl der zu verfeinernden Strukturfaktoren auf das Ergebnis auswirkt. So könnte z.B. der $00\bar{3}$-Reflex hinzugenommen werden. Dieser besitzt im [100] DP mit $00\bar{2}$ in Bragg-Bedingung einen geringen Anregungsfehler und würde mit $|g_{00\bar{3}}| = 0,7226$ Å^{-1} die Auflösung in z-Richtung leicht erhöhen.

Auch der Einfluss der Reflexe, deren Intensitäten in χ^2 einfließen, sollte untersucht werden. Bisher wurden möglichst viele Reflexe ausgewählt, deren Intensität mindestens das dreifache des Untergrundrauschens aufwies. Einige Reflexe wurden jedoch im Laufe der Verfeinerung mit dem Wichtungsfaktor 0 versehen.

Es fällt auf, dass selbst für das Endglied des Phasendiagramms von PZT bei einzelnen äquivalenten Reflexpaaren Abweichungen von der idealen Symmetrie zu finden sind. Es ist zu testen, ob die Auswahl nur eines dieser beiden Reflexe zu einem anderen Ergebnis führt. Teilweise konnte, so z.B. in den [100]-Beugungsbildern, nur einer der beiden äquivalenten HOLZ-Reflexe ausgewählt werden, da der Energiefilter die erste Laue-Zone teilweise abgeschnitten hat (vgl. Abbildung D.2). Die Abweichung von der idealen Symmetrie spricht für eine gewisse Unordnung oder Defekte selbst im reinen PbTiO₃. Um Defekte oder Unordnung in das Modell zu implementieren, ist eine Superzelle oder eine partielle Besetzung von Gitterplätzen notwendig. Dies behindert jedoch die Rekonstruktion der Elektronendichte, die eine ideale Struktur voraussetzt.

7 Abschließende Diskussion und Ausblick

Das Ziel dieser Arbeit war es, die Kristallsymmetrie einzelner Domänen in morphotropem PZT mit Hilfe von konvergenter Elektronenbeugung nachzuweisen. Die konvergente Beugung bot sich für diese Aufgabe als Methode in zweierlei Hinsicht an. Zum einen ermöglicht die Sondengröße von wenigen nm die Untersuchung einzelner Domänen. Somit können Kohärenzeffekte, die als Ursache für monokline Reflexe in Pulverbeugungsdiagrammen diskutiert werden, vermieden werden. Zum anderen bietet sie aufgrund der dynamischen Effekte die Möglichkeit, die Kristallsymmetrie und -orientierung, auch von polaren Strukturen, zu bestimmen. In dieser Hinsicht ist sie der Röntgen- und Neutronenpulverbeugung überlegen.

Für morphotropes PZT wurden basierend auf Röntgen- und Neutronenpulverbeugungsexperimenten die Punktgruppen $3m$, m und $4mm$ vorgeschlagen. Diese können anhand der Zonenachsensymmetrien für pseudokubische Zonenachsen vom Typ <100>, <110> und <111>[1] unterschieden werden. Eine wichtige Rolle für die Unterscheidung spielen die Domänen. Da alle Punktgruppen eine gemeinsame Spiegelebene in $(\bar{1}10)$ besitzen, können sie nicht in allen Orientierungen anhand eines einzelnen Beugungsbildes unterschieden werden. Zum Teil erfordert die Symmetriebestimmung eine Domänenwand, die durch ihre Zwillingsoperation in der benachbarten Domäne eine andere Orientierung erzeugt. Möglicherweise können die Punktgruppen anhand dieser Orientierung in der Nachbardomäne unterschieden werden. Aus den beiden Orientierungen ergibt sich die Zwillingsoperation. Diese leitet sich aus der Gruppe-Untergruppe-Beziehung im Bärnighausen-Stammbaum ab und bestimmt die Domänenkonfiguration. Somit kann mit der Kenntnis dieser Zwillingsoperation auch auf die Symmetrie der Übergruppe geschlossen werden. Für die genaue Orientierungsbestimmung, aber auch für eine eindeutige Symmetriebestimmung, sollten neben dem Beugungsbild in exakter Zonenachsenorientierung auch Dunkelfeldbeu-

---

[1] Die Indizierung erfolgt in der pseudokubischen Aufstellung.

7 Abschließende Diskussion und Ausblick

gungsbilder aufgenommen werden. Anhand dieser können einzelne Reflexe, die sich dann in exakter Bragg-Bedingung mit dem Anregungsfehler s=0 befinden, besser unterschieden werden.

Für die Untersuchung des Mischsystems erwies sich ein Strahldurchmesser von ungefähr 10 nm bei einer LaB_6-Kathode als gut geeignet. Dies schränkt zwar die Auswahl an Domänen, die untersucht werden können, auf Domänen breiter als 10 nm ein. Jedoch existieren mit dem Neigungswinkel und der Probendicke noch weitere Parameter, die die Auswahl der Bereiche einschränken. Es wurden Nanodomänen beobachtet, die für eine Untersuchung nicht geeignet waren. Über die Symmetrie dieser Nanodomänen kann damit keine oder nur bedingt eine Aussage getroffen werden. Es besteht auch die Gefahr, dass eine Phase nicht beobachtet wird, weil sie nur in ungeeigneten Bereichen auftritt. Die Ergebnisse in dieser Arbeit geben für eine solche Vermutung jedoch keinen Anlass. Mit der in dieser Arbeit angewandten Vorgehensweise konnten innerhalb geeigneter Domänen die drei in Frage kommenden Punktgruppensymmetrien $3m$, m und $4mm$ eindeutig nachgewiesen werden.

Die tetragonale Symmetrie konnte bei Zimmertemperatur bis zu einer Zusammensetzung von $x \geq 0,46$ in den für sie typischen lamellaren Mikrodomänen nachgewiesen werden. Für Zusammensetzungen von $x = 0,48$ bis $x = 0,46$ wurden gleichzeitig Abweichungen von der tetragonalen Symmetrie innerhalb dieser lamellaren Mikrodomänen gefunden. Die Abweichungen wurden in Übereinstimmung mit dem Erhalt der c-Achse beim Phasenübergang $P4mm \rightarrow Cm$ beobachtet. Durch das Auftreten der Zonenachsensymmetrien 1 und m in benachbarten Domänen in systematischer Abfolge kann die fehlende Symmetrie eindeutig der Kristallsymmetrie zugeordnet werden. Über die Analyse der Orientierungen von benachbarten Domänen mit Hilfe von simulierten Beugungsbildern konnten Zwillingsoperationen, wie der 90°-Rotationszwilling um c*, nachgewiesen werden, die nur als Folge des Phasenübergangs $P4mm \rightarrow Cm$ auftreten können. Daraus konnte geschlossen werden, dass sich die monokline Phase aus der tetragonalen gebildet hat.

Der umgekehrte Phasenübergang wurde *in situ* in einem Heizexperiment beobachtet. Einhergehend mit der Erhöhung der Zonenachsensymmetrie von 1 zu m innerhalb derselben Mikrodomäne verschwanden die für morphotrope Zusammensetzungen typischen Nanodomänen innerhalb der tetragonalen Mikrodomänen. Damit kann der Phasenübergang $P4mm \rightarrow Cm$ als Ursache der Bildung von Nanodomänen und diese als monoklin betrachtet werden. Mit dem Strukturmodell der monoklinen Phase von Noheda *et al.* [1, 4] simulierte Beugungsbilder zeigten eine gute Übereinstimmenung mit den experimentellen Beugungsbildern. Zusammen mit dem homogenen Kontrast innerhalb einiger der monoklinen Domänen spricht dies für eine geordnete monokline Struktur. Nanodomänenwände innerhalb des Strahlvolumens können so als Ursache für den beobachteten Symmetriebruch ausgeschlossen werden.

Dies spricht gegen die Theorie der adaptiven Phase von Y. U. Wang [35], nach der die mit Röntgenbeugung detektierten Reflexe einer monoklinen Phase vom Typ M_A eine Folge von rhomboedrischen 109°-Nanodomänen sind. Zwar erfüllen die Nanodomänen in PZT die Bedingung für kohärente Beugung an benachbarten Nanodomänen, jedoch wurde die maximale Größe der Nanodomänen für PZT 54/46 beobachtet [3]. Dies ist die Zusammensetzung, die am deutlichsten monokline Reflexe im Röntgendiffraktogramm zeigt. Dies lässt sich mit der Theorie von Glazer *et al.* [62] in Zusammenhang bringen. Danach werden die monoklinen Domänen für den morphotropen Zusammensetzungsbereich groß genug, um die monokline Struktur mittels Beugung detektieren zu können.

Rhomboedrische Symmetrie konnte auf der anderen Seite der morphotropen Phasengrenze für $x \leq 0,45$ nachgewiesen werden. Der Nachweis erfolgte für die beiden Zusammensetzungen PZT 60/40 und PZT 55/45 direkt über die dreizählige Symmetrie in <111>-Beugungsbildern. Dunkelfeldbeugungsbilder bestätigten, dass keine polare Komponente senkrecht zur Zonenachse vorlag. Aber auch anhand von <100>-Beugungsbildern konnte die rhomboedrische Symmetrie bestätigt werden. Hier waren Beugungsbilder zweier benachbarter Domänen notwendig, da die ($\bar{1}$10)-Spiegelebene auch die monokline Spiegelebene darstellt. Über die geneigte {110}-Domänenwand und die Spiegelebene in beiden Domänen konnte so auf eine 71°-Domänenwand und rhomboedrische Symmetrie geschlossen werden.

Die Mikrodomänen, in denen rhomboedrische Symmetrie beobachtet wurde, zeigten eine, im Vergleich zu tetragonalen und auch monoklinen Mikrodomänen, andere Morphologie. Die rhomboedrischen Domänen sind in Übereinstimmung mit den Beobachtungen von Ricote *et al.* [58] eher großflächig mit Breiten von bis zu einigen hundert nm. Ebenso wird Bifurkation, das Auslaufen von Domänen in zwei Spitzen, beobachtet. Während für PZT 60/40 noch ebene Domänenwände beobachtet werden, sind sie für Zusammensetzungen in der Nähe der morphotropen Phasengrenze gewölbt und weichen deutlich von ihrer idealen Orientierung ab.

Innerhalb dieser Domänen fällt oft ein Kontrast auf, der eine Vorzugsorientierung senkrecht zur Spiegelebene der Mikrodomäne aufweist. Der Kontrast ist feiner als der verwendete Strahldurchmesser und die Grenzflächen zeichnen sich nicht immer

7 Abschließende Diskussion und Ausblick

klar ab. Möglicherweise sind sie gegenüber dem Strahl geneigt. Dadurch ist eine Untersuchung einzelner Nandomänen in diesen Fällen nicht möglich und es kann nicht ausgeschlossen werden, dass die beobachtete rhomboedrische Symmetrie der Mikrodomäne nur der mittleren Symmetrie entspricht. Dies ist in Übereinstimmung mit den Ergebnissen anderer Forscher, die auf eine Unordnung im Mischsystem PZT, vor allem auf der rhomboedrischen Seite der morphotropen Phasengrenze hindeuten. Auch in den vorliegenden [$1\bar{1}\bar{1}$]-Beugungsbildern, aufgenommen an einzelnen Mikrodomänen, konnte eine Anisotropie der Intensitätsverteilung innerhalb der ersten Laue-Zone beobachtet werden. Diese lässt sich durch Simulationen mit in [111]-Richtung gestauchten thermischen Ellipsoiden qualitativ reproduzieren. Die Beobachtung des Kontrastes innerhalb der Mikrodomänen und die anisotropen thermischen Ellipsoide passen zu dem Modell von Glazer, nachdem sich die rhomboedrische Phase aus drei monoklinen Nanodomänen zusammensetzt. Aufgrund der Gruppe-Untergruppe-Beziehung ergeben sich zwei mögliche Anordnungen von drei monoklinen Domänen in einer rhomboedrischen Mikrodomäne. Die eine sind Spiegelzwillinge mit Domänenwänden in {110}-Ebenen parallel zur dreizähligen Achse. Die andere Möglichkeit sind [111]-Rotationszwillinge mit Nanodomänenwänden in {111}-Ebenen senkrecht zur dreizähligen Achse. Während die ersten von Glazer vorgeschlagen wurden, können die zuletzt genannten den beobachteten Kontrast, mit Vorzugsorientierung senkrecht zur Spiegelebene, innerhalb der Mikrodomänen besser beschreiben. In beiden Fällen wären sowohl in <100>- als auch <111>-Orientierung die Nanodomänenwände gegenüber dem Strahl geneigt, und somit für eine Mittelung ausreichend viele Domänen im durchstrahlten Volumen vorhanden. Beide Modelle, vor allem jedoch das aufgrund der vorliegenden Ergebnisse favorisierte, mit plättchenförmigen Domänen parallel zu (111), stehen im Widerspruch zu Simulationsmodellen, die die von Baba-Kishi *et al.* [83] in Elektronenbeugungsbildern beobachtete diffuse Streuung erklären. In diesen Modellen ist Pb in <111>-Richtungen ausgelenkt und die Auslenkungen sind ebenfalls in dieser Richtung korreliert. Diese Modelle basieren jedoch auf kubischer Symmetrie und können die beobachteten anisotropen thermischen Ellipsoide nicht erklären. Da die diffuse Streuung kubische Symmetrie aufweist, wobei einige Richtungen weniger präsent sind, liegt der Verdacht nahe, dass die Beugungsbilder über mehrere Mikrodomänen hinweg aufgenommen wurden. Diffuse Streuung in Beugungsbildern, aufgenommen an einzelnen rhomboedrischen Mikrodomänen, könnte direkt in Relation zum beobachteten Kontrast und zur beobachteten Symmetrie gesetzt werden. Anbieten würde sich hierfür die [११२̄]-Zonenachse senkrecht zu [१११]. In dieser Richtung sollten sich dann (111)- oder eine der (1 1̄0)-Domänenwände in *edge on*-Orientierung befinden. Über Probenkippung kann geklärt werden, ob die diffuse Streuung in Ebenen oder Linien des reziproken Raums lokalisiert ist.

Ein weiterer Hinweis auf die Abweichung von rhomboedrischer Symmetrie auf lokaler Ebene war die Beobachtung niedrigerer Symmetrie bei kleinerem Strahldurchmesser. So könnten im kleineren Probenvolumen nicht mehr ausreichend unterschiedliche Auslenkungen vorliegen, um im Mittel eine rhomboedrische Symmetrie zu ergeben. Die Auslenkungen müssen nicht notwendigerweise in Domänen korreliert sein. Nach den Berechnungen von Grinberg *et al.* [100] hängt der Betrag und die Richtung der Pb-Auslenkung besonders auf der rhomboedrischen Seite der morphotropen Phasengrenze stark von der Anordnung der nächsten Zr/Ti-Nachbarn ab, da das Pb versucht dem Zr auszuweichen. Im Unterschied zur Theorie von Glazer *et al.* [62] sind die einzelnen Pb-Auslenkungen demnach aber auch in der monoklinen Phase unkorreliert, da dort die Unordnung am höchsten ist. Dies müsste dazu führen, dass auch die monokline Symmetrie bei kleinem Strahldurchmesser nicht mehr zu beobachten ist. Eine Untersuchung des Einflusses des Strahldurchmessers auf die beobachtete Symmetrie für die tetragonale und monokline Phase könnte Erkenntnisse und Vergleichswerte für die Interpretation liefern. In monoklinen und tetragonalen Domänen wurde kein Kontrast mit Vorzugsorientierung beobachtet, wie es für die rhomboedrischen Domänen der Fall war. Damit ist für diese Domänen ein geringerer Einfluss des Strahldurchmessers auf die Symmetrie im Beugungsbild zu erwarten.

Das Argument von Corker *et al.* [56] für die Einführung zusätzlicher <100>-Auslenkungen des Pb war die ungünstige Konstellation mit drei kurzen Pb-O Bindungen in der rhomboedrischen Symmetrie. Im $PbTiO_3$ aber auch im $PbZrO_3$ bevorzugt Pb vier kurze Sauerstoffnachbarn. Durch eine lokal monokline Umgebung besitzt das Pb die Möglichkeit der Ausbildung von zusätzlichen kurzen Pb-O Bindungen. Dies würde eher die geordnete monokline Struktur und damit das Modell von Glazer *et al.* [62] stützen.

Eine lokal monokline Umgebung in der rhomboedrischen Phase stellt die Existenz der Phasengrenze $R3m/Cm$ in Frage. Noheda *et al.* [4] und Souza Filho *et al.* [75] schlagen dagegen, aufgrund ihrer mittels Röntgenbeugung bzw. Ramanspektroskopie erzielten Ergebnisse, eine vertikale Phasengrenze im Bereich $0,45 < x < 0,46$ bzw. $0,46 < 0,47$ vor. Die Beobachtungen von verschiedenen Domänenmorphologien innerhalb der selben Körner, vor allem für die Zusammensetzungen $x = 0,455, x =$

7 Abschließende Diskussion und Ausblick

$0,46$ und $x = 0,465$, spricht eher für eine vertikale Phasengrenze in Übereinstimmung mit Noheda et al. [4], als für einen kontinuierlichen Übergang. Die Koexistenz kann einerseits durch Schwankungen in der lokalen Zusammensetzung bedingt sein. Diese sind in den über Festkörpersynthese hergestellten Keramiken nicht auszuschließen. Eine Untersuchung der lokalen Zusammensetzung mittels EDX (*Energy-dispersive X-ray*) im TEM wurde nicht durchgeführt. Dies liegt in dem Fehler der Methode begründet, der eine Unterscheidung der benachbarten nominellen Zusammensetzung nicht ermöglicht. Mit einem Standard könnte die Genauigkeit evtl. erhöht werden. Es stellt sich dann aber die Frage, welches Material als Standard für eine genauere Kalibrierung der Methode verwendet werden sollte. Sicherlich ist das bei einer Sintertemperatur von 1050 °C hergestellte Material nicht das am besten geeignete. Andererseits erfordert der Phasenübergang $R3m \leftrightarrow Cm$, der erster Ordnung ist, an sich schon einen Koexistenzbereich. Somit sollte auch ohne Variation der Zusammensetzung eine Koexistenz auftreten. Lokal können die in der Keramik vorliegenden Spannungen unterschiedliche Strukturen und Domänenkonfigurationen begünstigen.

Eine vertikale Phasengrenze macht es unmöglich den Phasenübergang innerhalb einer Probe zu untersuchen. Möglich wird dies nur wenn die Phasengrenze nicht exakt vertikal verläuft. Eine solche Phasengrenze wurde von Schönau [72] vorgeschlagen. So zeigt die Zusammensetzung $x = 0,44$ in Röntgenbeugung bei Zimmertemperatur rhomboedrische Reflexformen und oberhalb von 320 °C tetragonale. Im Temperaturbereich 200 °C < T < 320 °C dagegen lassen sich die Röntgendiffraktogramme nur mit einer Koexistenz von Cm und $P4mm$ anpassen. Dies wird von Nanodomänen verursachten Kohärenzeffekten zugeschrieben. Nanodomänen wurden in einem *in situ* TEM-Heizexperiment [38] in diesem Temperaturbereich beobachtet. Zur Symmetrie der Nanodomänen wurde jedoch keine Aussage getroffen. Für PZT 54/46, das bei Zimmertemperatur ähnliche Reflexformen und Nanodomänen aufweist, wurde in dieser Arbeit monokline Symmetrie gefunden. Damit drängt sich die Frage auf, ob die in PZT 56/44 bei erhöhten Temperaturen beobachteten Nanodomänen ebenfalls monoklin sind oder sich nur als Folge des Phasenübergangs $P4mm \leftrightarrow R3m$ bilden. Hier könnte ein weiteres Heizexperiment mit konvergenter Beugung klären, ob ein temperaturabhängiger Phasenübergang $R3m \rightarrow Cm \rightarrow P4mm$ existiert. Noheda et al. [4] haben für Zusammensetzungen $x \leq 0,45$ nur einen Phasenübergang $P4mm \leftrightarrow R3m$, der erster Ordnung ist, beobachtet. Mit diesem Phasenübergang ließ sich die beobachtete tetragonale Ausscheidung in PZT 56/44 erklären.

Neben der Temperatur erschien aufgrund von *in situ* Röntgenmessungen noch die Zyklierung im elektrischem Feld für die Probe PZT 54/46 als Möglichkeit einen Phasenübergang $Cm \to R3m$ in einer Probe mit der Zusammensetzung $x = 0,54$ zu induzieren. Da dieser Vorgang irreversibel war und bis dato für diese Zusammensetzung nur tetragonale und monokline Symmetrien beobachtet wurden, erschien es auch für ein *ex situ* TEM-Experiment prinzipiell möglich, Veränderungen beobachten zu können. Tatsächlich traten Bereiche auf, die auf eine Neubildung von Domänen hindeuteten, ebenso Bereiche, wie sie so vorher eher in Proben auf der rhomboedrischen Seite beobachtet wurden. Diese Beobachtungen sprechen für einen solchen feldinduzierten Phasenübergang, sollten aber mit Vorsicht interpretiert werden. So wurde im ersten Experiment nach der Zyklierung auch eindeutig monokline Symmetrie in Mikrodomänen beobachtet. Neben dem geringen Probenvolumen im TEM, das eine genauere Bestimmung von Phasenanteilen verhindert, kommt für dieses *ex situ* Experiment noch erschwerend hinzu, dass kein vorher/nachher-Vergleich möglich ist. Dies erfordert ein *in situ* TEM-Experiment unter elektrischem Feld. Ein solches wurde schon einmal durchgeführt und zeigte nur geringfügige Änderungen der Nanodomänen [92]. Das tatsächlich vorliegende Feld war, durch die verwendete Geometrie der Elektroden mit Feldrichtung parallel zum Elektronenstrahl, möglicherweise zu gering. Aus diesem Grund sollte das Experiment mit der neueren Geometrie mit Feldrichtung senkrecht zum Elektronenstrahl wiederholt werden. Dann könnte mit konvergenter Elektronenbeugung der Einfluss des äußeren Feldes auf Domänenkonfigurationen und die Symmetrie in den Domänen untersucht werden. So kann geklärt werden, welche Rolle die monokline Phase beim Schaltverhalten spielt. So wurde von einigen Forschern eine mögliche Rotation der Polarisation in der monoklinen Ebene vorgeschlagen. Unter dem Elektronenstrahl einer LaB_6-Kathode mit geringer Intensität, wie er für die konvergente Beugung verwendet wurde, scheint die Struktur und damit die Polarisationsrichtung jedoch stabil zu sein. In der monoklinen Phase stehen 24 Polarisationsrichtungen zur Verfügung. Dies sind mehr als die 14 möglichen Polarisationsrichtungen bei einer Koexistenz von rhomboedrischer und tetragonaler Phase, die lange Zeit als Erklärung für die hohen Dehnungen von morphotropen PZT angeführt wurden. Somit stehen in der monoklinen Phase auch ohne einen Rotationsmechanismus der Polarisation noch mehr Möglichkeiten zur Verfügung auf ein äußeres Feld zu reagieren.

7 Abschließende Diskussion und Ausblick

8 Zusammenfassung

Das am Anfang dieser Arbeit formulierte Ziel, die Symmetrie einzelner Domänen in PbZr$_{1-x}$Ti$_x$O$_3$ mittels konvergenter Elektronenbeugung zu bestimmen, wurde weitgehend erreicht. Unter den gleichen experimentellen Bedingungen konnte innerhalb von Domänen, die für eine Untersuchung geeignet waren, tetragonale, rhomboedrische und monokline Symmetrie nachgewiesen werden. Die monokline Phase wurde nicht nur über fehlende Zonenachsensymmetrie alleine nachgewiesen, sondern auch über die systematische Abfolge der Zonenachsensymmetrien 1 und m in den Domänenkonfigurationen. Diese Abfolge war in Übereinstimmung mit den Zwillingsoperationen der Domänenwände. Dabei wurden auch Zwillingsoperationen beobachtet, die nur als Folge eines Phasenübergangs $P4mm \rightarrow Cm$ auftreten können.

Der umgekehrte Phasenübergang $Cm \rightarrow P4mm$ mit steigender Temperatur konnte im Heizexperiment anhand des Übergangs der Zonenachsensymmetrie von 1 zu einer {100}-Spiegelebene in <100>- und <110>-Beugungsbildern innerhalb der selben Mikrodomäne nachgewiesen werden. Einhergehend mit diesem Phasenübergang wurde das Verschwinden von Nanodomänen beobachtet. Als Schlussfolgerung dieser Beobachtungen kann die Bildung von Nanodomänen in tetragonalen Mikrodomänen der Symmetrieerniedrigung $P4mm \rightarrow Cm$ mit sinkender Temperatur zugeschrieben werden. Das monokline Strukturmodell konnte zusätzlich über einen Vergleich mit simulierten Beugungsbildern bestätigt werden.

Rhomboedrische Symmetrie innerhalb der Nanodomänen wurde nicht beobachtet. Damit konnten keine Hinweise gefunden werden, die die Theorie der adaptiven Phase, nach der die monoklinen Reflexe durch rhomboedrische 109°-Nanodomänen hervorgerufen werden, stützen. Im Widerspruch zu dieser Theorie wurde die monokline Symmetrie für die Zusammensetzung PZT 54/46 in relativ breiten Domänen mit homogenem Kontrast beobachtet. Daraus lässt sich schließen, dass die monokline Phase erst in Beugungsexperimenten nachzuweisen ist, wenn die Domänen eine gewisse Größe erreichen. Dies ist konsistent mit den beobachteten Nanodomänenbreiten über den morphotropen Bereich hinweg, die ein Maximum bei $x = 0,46$ erreichen.

8 Zusammenfassung

Dagegen findet sich in Mikrodomänen mit rhomboedrischer Symmetrie häufig ein feiner Kontrast, der zur morphotropen Phasengrenze hin gröber wird. Zusätzlich zeigen $[\bar{1}\bar{1}1]$-Beugungsbilder eine anisotrope Intensitätsverteilung innerhalb der ersten Laue-Zone. Dies kann mit anisotropen Temperaturfaktoren oder einer statischen Unordnung erklärt werden. Der Kontrast in der Abbildung senkrecht zu der, mit konvergenter Beugung beobachteten, Spiegelebene lässt sich mit monoklinen Nanodomänen, die sich aufgrund eines Phasenübergangs $R3m \rightarrow Cm$ in rhomboedrischen Mikrodomänen ausbilden, erklären.

Literaturverzeichnis

[1] B. Noheda, J. A. Gonzalo, L. E. Cross, R. Guo, S. E. Park, D. E. Cox and G. Shirane: Tetragonal-to-monoclinic phase transition in a ferroelectric perovskite: The structure of PbZr$_{0.52}$Ti$_{0.48}$O$_3$. *Phys. Rev. B*, **61**(13): 8687–8695 (2000)

[2] M. J. Hoffmann, M. Hammer, A. Endriss and D. C. Lupascu: Correlation between microstructure, strain behavior, and acoustic emission of soft PZT ceramics. *Acta Mater.*, **49**: 1301–1310 (2001)

[3] L. A. Schmitt, K. A. Schönau, R. Theissmann, H. Fuess, H. Kungl and M. J. Hoffmann: Composition dependence of the domain configuration and size in Pb(Zr$_{1-x}$Ti$_x$)O$_3$ ceramics. *J. Appl. Phys.*, **101**(7): 074107 (2007)

[4] B. Noheda, D. E. Cox, G. Shirane, R. Guo, B. Jones and L. E. Cross: Stability of the monoclinic phase in the ferroelectric perovskite PbZr$_{1-x}$Ti$_x$O$_3$. *Phys. Rev. B*, **63**(1): 014103 (2001)

[5] W. Kossel and G. Möllenstedt: Elektroneninterferenzen im konvergenten Bündel. *Ann. d. Phys.*, **428**: 113–140 (1939)

[6] J. B. LePoole: New electron microscope with continuously variable magnification. *Philips Techn. Rdsch.*, **9**: 33–45 (1947)

[7] D. B. Williams and C. B. Carter: *Transmission Electron Microscopy: Diffraction II*.

[8] R. Vincent and P. A. Midgley: Double conical beam-rocking system for measurement of Integrated electron-diffraction intensities. *Ultramicroscopy*, **53**(3): 271–282 (1994)

[9] S. Miyake and R. Uyeda: An exception to Friedel's law in electron diffraction. *Acta Cryst.*, **3**(4): 314–316 (1950)

Literaturverzeichnis

[10] H. A. Bethe: Theorie der Beugung von Elektronen an Kristallen. *Ann. d. Phys.*, **392**: 55–129 (1928)

[11] K. Kohra, R. Uyeda and S. Miyake: An exception to Friedel's law in electron diffraction. II. Theoretical consideration. *Acta Cryst.*, **3**(6): 479–481 (1950)

[12] F. Fujimoto: Dynamical Theory of Electron Diffraction in Laue-case, I. General Theory. *J. Phys. Soc. Jpn.*, **14**: 1558–1568 (1959)

[13] M. Tanaka and G. Honjo: Electron Optical studies of Barium Titanate Single Crystal Films. *Journal of the Physical Society Japan*, **19**: 954–970 (1964)

[14] M. Tanaka: Contrast of 180° domains of $PbTiO_3$ in an electron microscopic image. *Acta Cryst. A*, **31**(1): 59–63 (1975)

[15] T. Asada and Y. Koyama: Ferroelectric domain structures around the morphotropic phase boundary of the piezoelectric material $PbZr_{1-x}Ti_xO_3$. *Phys. Rev. B*, **75**(21): 214111 (2007)

[16] B. F. Buxton, J. A. Eades, J. W. Steeds and G. M. Rackham: Symmetry of Electron-diffraction Zone Axis Patterns. *Phil. Trans. R. Soc. London Ser. A*, **281**(1301): 171–194 (1976)

[17] M. Tanaka: Symmetry analysis. *J. Electron Micr. Tech.*, **13**(1): 27–39 (1989)

[18] M. Tanaka: Defects idenfication. In *2nd German-Japanese School on CBED* (2004)

[19] P. B. Hirsch, A. Howie, R. B. Nicholson, D. W. Pashley and M. J. Whelan: *Electron Microscopy of thin crystals*. (1971)

[20] J. C. H. Spence: On the accurate measurement of structure-factor amplitudes and phases by electron diffraction. *Acta Cryst. A*, **49**(2): 231–260 (1993)

[21] K. Tsuda and M. Tanaka: Refinement of Crystal-structure Parameters Using Convergent-beam Electron-diffraction - the Low-temperature Phase of $SrTiO_3$. *Acta Cryst. A*, **51**: 7–19 (1995)

[22] K. Tsuda and M. Tanaka: Refinement of crystal structural parameters using two-dimensional energy-filtered CBED patterns. *Acta Cryst. A*, **55**: 939–954 (1999)

Literaturverzeichnis

[23] H. Hashimoto, A. Howie and M. J. Whelan: Anomalous Electron Absorption Effects in Metal Foils: Theory and Comparison with Experiment. *Proceedings R. Soc. London Ser. A*, **269**(1336): 80–103 (1962)

[24] M. Tanaka, M. Terauchi, K. Tsuda and K. Saitoh: *Convergent-Beam Electron Difraction IV*. JEOL (2002)

[25] J. Gjønnes and A. F. Moodie: Extinction conditions in the dynamic theory of electron diffraction. *Acta Cryst.*, **19**(1): 65–67 (1965)

[26] K. Omoto, K. Tsuda and M. Tanaka: Simulations of Kikuchi patterns due to thermal diffuse scattering on MgO crystals. *J. Electron Microsc.*, **51**(1): 67–78 (2002)

[27] K. Tsuda, Y. Ogata, K. Takagi, T. Hashimoto and M. Tanaka: Refinement of crystal structural parameters and charge density using convergent-beam electron diffraction – the rhombohedral phase of $LaCrO_3$. *Acta Cryst. A*, **58**(6): 514–525 (2002)

[28] Y. Ogata, K. Tsuda and M. Tanaka: Determination of the electrostatic potential and electron density of silicon using convergent-beam electron diffraction. *Acta Cryst. A*, **64**(5): 587–597 (2008)

[29] C. H. Spence and J. M. Zuo (eds.): *Electron Microdiffraction*. Springer (1992)

[30] P. A. Doyle and P. S. Turner: Relativistic Hartree–Fock X-ray and electron scattering factors. *Acta Cryst. A*, **24**(3): 390–397 (1968)

[31] D. M. Bird and Q. A. King: Absorptive Form Factors for High-Energy Electron Diffraction. *Acta Cryst. A*, **46**: 202–208 (1990)

[32] D. M. Bird: Absorption in high-energy electron diffraction from non-centrosymmetric crystals. *Acta Cryst. A*, **46**(3): 208–214 (1990)

[33] Y. Ogata, K. Tsuda, Y. Akishige and M. Tanaka: Refinement of the crystal structural parameters of the intermediate phase of h-$BaTiO_3$ using convergent-beam electron diffraction. *Acta Cryst. A*, **60**(6): 525–531 (2004)

[34] B. Noheda, D. E. Cox, G. Shirane, J. A. Gonzalo, L. E. Cross and S. Park: A monoclinic ferroelectric phase in the $Pb(Zr_{1-x}Ti_x)O_3$ solid solution. *Appl. Phys. Lett.*, **74**(14): 2059–2061 (1999)

Literaturverzeichnis

[35] Y. U. Wang: Diffraction theory of nanotwin superlattices with low symmetry phase: Application to rhombohedral nanotwins and monoclinic M_A and M_B phases. *Phys. Rev. B*, **76**(2): 024108 (2007)

[36] V. M. Goldschmidt: Die Gesetze der Krystallochemie. *Naturwissenschaften*, **14**(21): 477–485 (1926)

[37] W. R. Jaffe, B. Cook and H. Jaffe: *Piezoelectric Ceramics*. ISBN: 1878-90710-7. Academic Press New York (1971)

[38] L. A. Schmitt: *Transmissionselektronenmikroskopische Untersuchung der Domänenkonfiguration in $Pb(Zr_{1-x}Ti_x)O_3$-Keramiken im Bereich der morphotropen Phasengrenze*. Dissertation, Technische Universität Darmstadt (2008)

[39] W. Cao and L. E. Cross: Theoretical model for the morphotropic phase boundary in lead zirconate-lead titanate solid solution. *Phys. Rev. B*, **47**: 4825–4830 (1993)

[40] S. K. Mishra, D. Pandey and A. P. Singh: Effect of phase coexistence at morphotropic phase boundary on the properties of $Pb(Zr_xTi_{1-x})O_3$ ceramics. *Appl. Phys. Lett.*, **69**(12): 1707–1709 (1996)

[41] M. Tanaka, R. Saito and K. Tsuzuki: Determination of Space Group and Oxygen Coordinates in the Antiferroelectric Phase of Lead Zirconate by Conventional and Convergent-Beam Electron Diffraction. *J. Phys. Soc. Jpn.*, **51**: 2635–2640 (1982)

[42] S. Teslic and T. Egami: Atomic Structure of $PbZrO_3$ Determined by pulsed Neutron Diffraction. *Acta Cryst. B*, **54**: 750–765 (1998)

[43] W. Dmowski, T. Egami, L. Farber and P. K. Davies: Structure of $Pb(Zr,Ti)O_3$ near the morphotropic phase boundary. In *Fundamental Physics of Ferroelectrics 2001*, ed. Krakauer, H, volume 582 of *AIP conference proceedings*, 33–44 (2001). ISBN 0-7354-0021-0. 11th Williamsburg Workshop on Fundamental Physics of Ferroelectrics, Williamsburgh, VA, Feb. 04-07, 2001

[44] H. Fujishita, Y. Shiozaki, N. Achiwa and E. Sawaguchi: Crystal Structure Determination of Antiferroelectric $PbZrO_3$ —Application of Profile Analysis Method to Powder Method of X-ray and Neutron Diffraction. *J. Phys. Soc. Jpn.*, **51**(11): 3583–3591 (1982)

Literaturverzeichnis

[45] M. Tanaka, R. Saito and K. Tsuzuki: Electron Microscopic Studies on Domain Structure of $PbZrO_3$. *Jpn. J. Appl. Phys.*, **21**: 291–298 (1982)

[46] G. A. Samara: Pressure and Temperature Dependence of the Dielectrice Properties and Phase Transitions of the Antiferroelectric Perovskites: $PbZrO_3$ and $PbHfO_3$. *Phys. Rev. B*, **1**: 3777–3786 (1970)

[47] R. E. Cohen: Origin of ferroelectricity in perovskite oxides. *Nature*, **358**(6382): 136–138 (1992)

[48] R. Comès, M. Lambert and A. Guinier: Désordre linéaire dans les cristaux (cas du silicium, du quartz, et des pérovskites ferroélectriques). *Acta Cryst. A*, **26**(2): 244–254 (1970)

[49] R. E. Cohen and H. Krakauer: Lattice dynamics and origin of ferroelectricity in $BaTiO_3$: Linearized-augmented-plane-wave total-energy calculations. *Phys. Rev. B*, **42**(10): 6416 (1990)

[50] N. Sicron, B. Ravel, Y. Yacoby, E. A. Stern, F. Dogan and J. Rehr: Nature of the ferroelectric phase transition in $PbTiO_3$. *Phys. Rev. B*, **50**: 13–168–13–180 (1994)

[51] Y. Kuroiwa, S. Aoyagi, A. Sawada, J. Harada, E. Nishibori, M. Takata and M. Sakata: Evidence for Pb-O Covalency in Tetragonal $PbTiO_3$. *Phys. Rev. Lett.*, **87**(21): 217601 (2001)

[52] R. D. Shannon and C. T. Prewitt: Effective ionic radii in oxides and fluorides. *Acta Cryst. B*, **25**(5): 925–946 (1969)

[53] H. Tanaka, Y. Kuroiwa and M. Takata: Electrostatic potential of ferroelectric $PbTiO_3$: Visualized electron polarization of Pb ion. *Phys. Rev. B*, **74**(17): 172105 (2006)

[54] B. Meyer and D. Vanderbilt: Ab initio study of ferroelectric domain walls in $PbTiO_3$. *Phys. Rev. B*, **65**(10): 104111 (2002)

[55] S. Stemmer, S. K. Streiffer, F. Ernst and M. Ruhle: Atomistic structure of 90-degrees domain-walls in ferroelectric $PbTiO_3$: thin-films. *Philos. Mag. A: Condensed Matter*, **71**(3): 713–724 (1995)

Literaturverzeichnis

[56] D. L. Corker, A. M. Glazer, R. W. Whatmore, A. Stallard and F. Fauth: A neutron diffraction investigation into the rhombohedral phases of the perovskite series. *J. Phys.: Condens. Matter*, **10**(28): 6251–6269 (1998)

[57] J. Ricote, D. L. Corker, R. W. Whatmore, S. A. Impey, A. M. Glazer, J. Dec and K. Roleder: A TEM and neutron diffraction study of the local structure in the rhombohedral phase of lead zirconate titanate. *J. Phys.: Condens. Matter*, **10**(8): 1767–1786 (1998)

[58] J. Ricote, R. W. Whatmore and D. J. Barber: Studies of the ferroelectric domain configuration and polarization of rhombohedral PZT ceramics. *J. Phys.: Condens. Matter*, **12**(3): 323–337 (2000)

[59] A. M. Glazer: The classification of tilted octahedra in perovskites. *Acta Cryst. B*, **28**(11): 3384–3392 (1972)

[60] A. M. Glazer: Simple ways of determining perovskite structures. *Acta Cryst. A*, **31**(6): 756–762 (1975)

[61] A. M. Glazer, S. A. Mabud and R. Clarke: Powder profile refinement of lead zirconate titanate at several temperatures. I. $PbZr_{0.9}Ti_{0.1}O_3$. *Acta Cryst. B*, **34**(4): 1060–1065 (1978)

[62] A. M. Glazer, P. A. Thomas, K. Z. Baba-Kishi, G. K. H. Pang and C. W. Tai: Influence of short-range and long-range order on the evolution of the morphotropic phase boundary in Pb(Zr_{1-x} Ti_x) O_3. *Phys. Rev. B*, **70**(18): 184123 (2004)

[63] J. Fousek and V. Janovec: The Orientation of Domain Walls in Twinned Ferroelectric Crystals. *J. Appl. Phys.*, **40**(1): 135–142 (1969)

[64] T. Hahn, V. Janovec and H. Klapper: Bicrystals, twins and domain structures - A comparison. *Ferroelectrics*, **222**(1-4): 269–279 (1999)

[65] H. Wang, J. Zhu, X. W. Zhang, Y. X. Tang and H. S. Luo: Hierarchical Domain Structure of Adaptive M_B Phase in $Pb(Mg_{1/3}Nb_{2/3})$ O_3-32% $PbTiO_3$ Single Crystal. *J. Am. Ceram. Soc.*, **91**: 2382–2384 (2008)

[66] C. A. Randall, D. J. Barber and R. W. Whatmore: Ferroelectric domain configurations in a modified-PZT ceramic. *J. Mater. Sci.*, **22**(3): 925–931 (1987)

Literaturverzeichnis

[67] D. I. Woodward, J. Knudsen and I. M. Reaney: Review of crystal and domain structures in the PbZr$_x$Ti$_{1-x}$O$_3$ solid solution. *Phys. Rev. B*, **72**(10): 104110 (2005)

[68] W. W. Cao and C. A. Randall: Grain size and domain size relations in bulk ceramic ferroelectric materials. *J. Phys. Chem. Solids*, **57**(10): 1499–1505 (1996)

[69] G. Arlt and P. Sasko: Domain configuration and equilibrium size of domains in BaTiO$_3$ ceramics. *J. Appl. Phys.*, **51**(9): 4956–4960 (1980)

[70] Y. H. Hu, H. M. Chan, Z. X. Wen and M. P. Harmer: Scanning Electron Microscopy and Transmission Electron Microscopy Study of Ferroelectric Domains in Doped BaTiO$_3$. *J. Am. Ceram. Soc.*, **69** [8]: 594–602 (1986)

[71] I. MacLaren, L. A. Schmitt, H. Fuess, H. Kungl and M. J. Hoffmann: Experimental measurement of stress at a four domain-junction in lead zirconate titanate. *J. Appl. Phys.*, **97**: 094102 (2005)

[72] K. A. Schönau: *In situ Synchrotron Diffraction of Lead-Zirconate-Titanate at its Morphotropic Phase Boundary*. Dissertation, Technische Universität Darmstadt (2007)

[73] R. Guo, L. E. Cross, S.-E. Park, B. Noheda, D. E. Cox and G. Shirane: Origin of the High Piezoelectric Response in PbZr$_{1-x}$Ti$_x$O$_3$. *Phys. Rev. Lett.*, **84**(23): 5423–5426 (2000)

[74] K. C. V. Lima, A. G. Souza Filho, A. P. Ayala, J. Mendes Filho, P. T. C. Freire, F. E. A. Melo, E. B. Arau´jo and J. A. Eiras: Raman study of morphotropic phase boundary in PbZr$_{1-x}$Ti$_x$O$_3$ at low temperatures. *Phys. Rev. B*, **63**: 184105 (2001)

[75] A. G. Souza Filho, K. C. V. Lima, A. P. Ayala, I. Guedes, P. T. C. Freire, F. E. A. Melo, J. Mendes Filho, E. B. Araújo and J. A. Eiras: Raman scattering study of the PbZr$_{1-x}$Ti$_x$O$_3$ system: Rhombohedral-monoclinic-tetragonal phase transitions. *Phys. Rev. B*, **66**(13): 132107 (2002)

[76] D. Vanderbilt and M. H. Cohen: Monoclinic and triclinic phases in higher-order Devonshire theory. *Phys. Rev. B*, **63**(9): 094108 (2001)

Literaturverzeichnis

[77] Ragini, S. K. Mishra, D. Pandey, H. Lemmens and G. V. Tendeloo: Evidence for another low-temperature phase transition in tetragonal Pb($Zr_x Ti_{1-x}$)O_3 (x=0.515,0.520). *Phys. Rev. B*, **64**(5): 054101 (2001)

[78] Ragini, R. Ranjan, S. K. Mishra and D. Pandey: Room temperature structure of Pb($Zr_x Ti_{1-x}$)O_3 around the morphotropic phase boundary region: A Rietveld study. *J. Appl. Phys.*, **92**(6): 3266–3274 (2002)

[79] R. Ranjan, Ragini, S. K. Mishra, D. Pandey and B. J. Kennedy: Antiferrodistortive phase transition in Pb($Ti_{0.48}Zr_{0.52}$)O_3: A powder neutron diffraction study. *Phys. Rev. B*, **65**(6): 060102 (2002)

[80] H. Bärnighausen: Group-subgroup relations between space groups: A useful tool in crystal chemistry. *MATCH Commun. Math. Chem.*, **9**: 139–175 (1980)

[81] M. I. Aroyo, J. M. Perez-Mato, C. Capillas, E. Kroumova, S. Ivantchev, G. Madariaga, A. Kirov and H. Wondratschek: Bilbao Crystallographic Server I: Databases and crystallographic computing programs. *Z. Kristallogr.*, **221**: 15–27 (2006)

[82] M. I. Aroyo, A. Kirov, C. Capillas, J. M. Perez-Mato and H. Wondratschek: Bilbao Crystallographic Server. II. Representations of crystallographic point groups and space groups. *Acta Cryst. A*, **62**(2): 115–128 (2006)

[83] K. Z. Baba-Kishi, T. R. Welberry and R. L. Withers: An electron diffraction and Monte Carlo simulation study of diffuse scattering in Pb(Zr, Ti)O_3. *J. Appl. Cryst.*, **41**: 930–938 (2008)

[84] D. Pandey and Ragini: On the discovery of new low temperature monoclinic phases with Cm and Cc space groups in Pb($Zr_{0.52}Ti_{0.48}$)O_3: an overview. *Z. Kristallogr.*, **218**: 1–7 (2003)

[85] A. K. Singh, D. Pandey, S. Yoon, S. Baik and N. Shin: High-resolution synchrotron x-ray diffraction study of Zr-rich compositions of Pb$Zr_x Ti_{1-x}$$O_3$ ($0.525 \leq x \leq 0.60$): Evidence for the absence of the rhombohedral phase. *Appl. Phys. Lett.*, **91**(19): 192904 (2007)

[86] D. Pandey, A. K. Singh and S. Baik: Stability of ferroic phases in the highly piezoelectric $Pb(Zr_{1-x}Ti_x)O_3$ ceramics. *Acta Cryst. A*, **64**: 192–203 (2008)

Literaturverzeichnis

[87] H. Yokota, N. Zhang, A. E. Taylor, P. A. Thomas and A. M. Glazer: Crystal structure of the rhombohedral phase of PbZr$_{1-x}$Ti$_x$O$_3$ ceramics at room temperature. *Phys. Rev. B*, **80**(10): 104109 (2009)

[88] J. Frantti: Notes of the Recent Structural Studies on Lead Zirconate Titanate. *J. Phys. Chem. B*, **112**(21): 6521–6535 (2008)

[89] K. A. Schönau, L. A. Schmitt, M. Knapp, H. Fuess, R.-A. Eichel, H. Kungl and M. J. Hoffmann: Nanodomain structure of Pb[Zr$_{1-x}$Ti$_x$]O$_3$ at its morphotropic phase boundary: Investigations from local to average structure. *Phys. Rev. B*, **75**: 184117 (2007)

[90] Y. M. Jin, Y. U. Wang, A. G. Khachaturyan, J. F. Li and D. Viehland: Conformal miniaturization of domains with low domain-wall energy: Monoclinic ferroelectric states near the morphotropic phase boundaries. *Phys. Rev. Lett.*, **91**(19): 197601 (2003)

[91] Y. M. Jin, Y. U. Wang, A. G. Khachaturyan, J. F. Li and D. Viehland: Adaptive ferroelectric states in systems with low domain wall energy: Tetragonal microdomains. *J. Appl. Phys.*, **94**(5): 3629–3640 (2003)

[92] R. Theissmann, L. A. Schmitt, J. Kling, R. Schierholz, K. A. Schonau, H. Fuess, M. Knapp, H. Kungl and M. J. Hoffmann: Nanodomains in morphotropic lead zirconate titanate ceramics: On the origin of the strong piezoelectric effect. *J. Appl. Phys.*, **102**(2): 024111 (2007)

[93] W.-F. Rao and Y. U. Wang: Bridging domain mechanism for phase coexistence in morphotropic phase boundary ferroelectrics. *Appl. Phys. Lett.*, **90**(18): 182906 (2007)

[94] G. A. Rossetti Jr., W. Zhang and A. G. Khachaturyan: Phase coexistence near the morphotropic phase boundary in lead zirconate titanate (PbZrO$_3$-PbTiO$_3$) solid solutions. *Appl. Phys. Lett.*, **88**(7): 072912 (2006)

[95] G. A. Rossetti Jr. and A. G. Khachaturyan: Inherent nanoscale structural instabilities near morphotropic boundaries in ferroelectric solid solutions. *Appl. Phys. Lett.*, **91**(7): 072909 (2007)

Literaturverzeichnis

[96] P. G. Lucuta, V. Teodorescu and F. Vasiliu: SEM, SAED, and TEM Investigation of Domain-Structure In PZT Ceramics at Morphotropic Phase-boundary. *Applied Physics A: Materials Science & Processing*, **37**(4): 237–242 (1985)

[97] P. G. Lucuta: Ferroelectric-domain Structure In Piezoelectric Ceramics. *J. Am. Ceram. Soc.*, **72**(6): 933–937 (1989)

[98] L. Bellaiche, A. García and D. Vanderbilt: Finite-Temperature Properties of Pb(Zr$_{1-x}$Ti$_x$)O$_3$ Alloys from First Principles. *Phys. Rev. Lett.*, **84**(23): 5427–5430 (2000)

[99] L. Bellaiche, A. Garcia and D. Vanderbilt: Low-Temperature Properties of Pb(Zr$_{1-x}$Ti$_x$)O$_3$ Solid solutions near the Morphotropic Phase Boundary. *Ferroelectrics*, **266**: 41–56 (2002)

[100] I. Grinberg, V. R. Cooper and A. M. Rappe: Oxide chemistry and local structure of PbZr$_x$Ti$_{1-x}$O$_3$ studied by density-functional theory supercell calculations. *Phys. Rev. B*, **69**(14): 144118 (2004)

[101] Y. U. Wang: Diffraction theory of nanotwin superlattices with low symmetry phase. *Phys. Rev. B*, **74**(10): 104109 (2006)

[102] Y. U. Wang: Three intrinsic relationships of lattice parameters between intermediate monoclinic M$_C$ and tetragonal phases in ferroelectric Pb[(Mg$_{1/3}$Nb$_{2/3}$)$_{1-x}$Ti$_x$]O$_3$ and Pb[(Zn$_{1/3}$Nb$_{2/3}$)$_{1-x}$Ti$_x$]O$_3$ near morphotropic phase boundaries. *Phys. Rev. B*, **73**(1): 014113 (2006)

[103] B. Noheda, D. E. Cox, G. Shirane, J. Gao and Z.-G. Ye: Phase diagram of the ferroelectric relaxor (1-x)PbMg$_{1/3}$Nb$_{2/3}$O$_3$-xPbTiO$_3$. *Phys. Rev. B*, **66**(5): 054104 (2002)

[104] A. K. Singh and D. Pandey: Evidence for M$_B$ and M$_C$ phases in the morphotropic phase boundary region of (1-x)[Pb(Mg$_{1/3}$Nb$_{2/3}$)O$_3$]-xPbTiO$_3$: A Rietveld study. *Phys. Rev. B*, **67**(6): 064102 (2003)

[105] H. Wang, J. Zhu, N. Lu, A. A. Bokov, Z.-G. Ye and X. W. Zhang: Hierarchical micro-/nanoscale domain structure in M$_C$ phase of (1-x)Pb(Mg$_{1/3}$Nb$_{2/3}$)O$_3$-xPbTiO$_3$ single crystal. *Appl. Phys. Lett.*, **89**: 042908 (2006)

Literaturverzeichnis

[106] A. A. Bokov and Z. G. Ye: Domain structure in the monoclinic Pm phase of Pb(Mg$_{1/3}$Nb$_{2/3}$)O$_3$-PbTiO$_3$ single crystals. *J. Appl. Phys.*, **95**(11): 6347–6359 (2004)

[107] H. Cao, J. Li, D. Viehland and G. Xu: Fragile phase stability in (1 - x)Pb(Mg$_{1/3}$Nb$_{2/3}$O$_3$)-xPbTiO$_3$ crystals: A comparison of [001] and [110] field-cooled phase diagrams. *Phys. Rev. B*, **73**(18): 184110 (2006)

[108] S. M. Gupta and D. Viehland: Tetragonal to rhombohedral transformation in the lead zirconium titanate lead magnesium niobate-lead titanate crystalline solution. *J. Appl. Phys.*, **83**: 407–414 (1998)

[109] M. Hammer and M. J. Hoffmann: Sintering Model for Mixed-Oxide-Derived Lead Zirconate Titanate Ceramics. *J. Am. Ceram. Soc.*, **81**: 3277–3284 (1998)

[110] A. Yasuhara: Development of Ion Slicer (Thin-Film Specimen Preparation Equipment). *JEOL News*, **40**: 46–49 (2005)

[111] M. Tanaka, K. Tsuda, M. Terauchi, K. Tsuno, T. Kaneyama, T. Honda and M. Ishida: A new 200 kV Q-filter electron microscope. *J. Microsc.*, **194**: 219–227 (1998)

[112] L. Reimer: *Elektronenmikroskopische Untersuchungs- und Präparationsmethoden*. Springer (1966)

[113] K. Momma and F. Izumi: *VESTA*: a three-dimensional visualization system for electronic and structural analysis. *J. Appl. Cryst.*, **41**(3): 653–658 (2008)

[114] M. Knapp, C. Baehtz, H. Ehrenberg and H. Fuess: The synchrotron powder diffractometer at beamline B2 at HASYLAB/DESY: status and capabilities. *J. Synchrotron Rad.*, **11**(4): 328–334 (2004)

[115] B. H. Toby: EXPGUI, a graphical user interface for GSAS. *J. Appl. Cryst.*, **34**: 210–213 (2001)

[116] K. Meyberg and P. Vachenhauer: *Höhere Mathematik 1*. Springer-Lehrbuch (1993)

[117] J. Sapriel: Domain-wall orientations in ferroelastics. *Phys. Rev. B*, **12**(11): 5128–5140 (1975)

Literaturverzeichnis

[118] M. Nespolo: *Research themes: Crystal twinning.* International Union of Crystallography Commission on Mathematical and Theoretical Crystallography, http://www.crystallography.fr/mathcryst/twins.htm, last update: 3 february 2009 edition

[119] J. Erhart and W. Cao: Permissible symmetries of multi-domain configurations in perovskite ferroelectric crystals. *J. Appl. Phys.*, **94**(5): 3436–3445 (2003)

[120] P. Stadelmann: *Simulation of diffraction patterns and high resolution images using jems.* CIME-EPFL Station 12, CH-1015 Lausanne (2008)

[121] J. Kling: Persönliches Gespräch

[122] R. Schierholz: *Untersuchungen von Real- und Kristallstrukturen in $PbZr_{1-x}Ti_xO_3$ im Bereich der morphotropen Phasengrenze mit Transmissionselektronenmikroskopie.* Diplomarbeit, Technische Universität Darmstadt (2004)

[123] C. Giacovazzo, H. L. Monaco, G. Artioli, D. Viterbo, G. Ferraris, G. Gilli, Z. G. and M. Catti: *Fundamentals of Crystallography.* Oxford University Press (2002)

Teil IV

Anhang

A MATLAB®-codes

In diesem Kaptitel werden die selbstgschriebenen MATLAB®-codes aufgelistet, mit denen die Berechnungen zur Reflexaufspaltung und zur Fehlpassung in Vieldomänenmodellen durchgeführt wurden. Aus Gründen der Übersichtlichkeit wurden die Codes in einzelne Abschnitte unterteilt. Die Stellen, an denen Blöcke eingefügt werden müssen, sind mit » gekennzeichnet, gefolgt von dem entsprechenden Hinweis.

A.1 Berechnung der Reflexaufspaltung

Abschnitte zur Berechnung der realen und reziproken Gittervektoren.

A.1.1 Tetragonale 90°-Domänen

```
a = 4.04;
b = a;
c = 4.14;
covera = c/a
    % Ausrichtung mit c||x und b||z
    c=[c; 0; 0];
    b=[0; 0; b];
    a=[0; a; 0];
    % reziproke Gittervektoren
    ar = cross(b,c)/(dot(a,cross(b,c)));
    br = cross(c,a)/(dot(b,cross(c,a)));
    cr = cross(a,b)/(dot(c,cross(a,b)));
    n=ar+cr %(101)Domänenwand
    delta=atan((n(1)/n(2)-1)/(n(1)/n(2)+1));
    % Rotation um delta [001] damit (101)||(110) ist
    R001 =
    [cos(delta) -sin(delta) 0;
```

```
             sin(delta) cos(delta) 0;
             0 0 1];
             ndw=R001*n
             a1=R001*a
             b1=R001*b
             c1=R001*c
% Berechnung des reziproken Gitters 1
a1r = cross(b1,c1)/(dot(a1,cross(b1,c1)));
b1r = cross(c1,a1)/(dot(b1,cross(c1,a1)));
c1r = cross(a1,b1)/(dot(c1,cross(a1,b1)));
ndw=a1r+c1r
             % 180°-Rotation um [110]
             R110 = [0 1 0; 1 0 0; 0 0 -1];
             a2=R110*a1
             b2=R110*b1
             c2=R110*c1
% Berechnung des reziproken Gitters 2
a2r = cross(b2,c2)/(dot(a2,cross(b2,c2)));
b2r = cross(c2,a2)/(dot(b2,cross(c2,a2)));
c2r = cross(a2,b2)/(dot(c2,cross(a2,b2)));
```

A.1.2 Rhomboedrische 71°-Domänen

```
function zolz = rhombo110(h1,k1,l1,h2,k2,l2)
a = [5.79];
b = [5.75];
c = [4.08];
beta = [90.56];
a1 = [-a/sqrt(2)*sin(beta/180*pi);
             -a/sqrt(2)*sin(beta/180*pi);
             a * cos(beta/180*pi)];
b1 = [b/sqrt(2); -b/sqrt(2); 0];
c1 = [0; 0; c];
R110 = [0 1 0; 1 0 0; 0 0 -1];
     a2=R110*a1
     b2=R110*b1
     c2=R110*c1
>> % Berechnung des reziproken Gitters 1 + 2
```

A.1.3 Rhomboedrische 109°-Domänen

```
function zolz = rhombo100(h1,k1,l1,h2,k2,l2)
a = [5.79];
b = [5.75];
c = [4.08];
beta = [90.56]/180*pi;
phi = atan(sqrt(a^2-(a*cos(beta))^2)/b);
a1 = [-1*a*sin(beta)*cos(phi);
            -1*a*sin(beta)*sin(phi);
            a*cos(beta)];
b1 = [b*sin(phi); -1*b*cos(phi); 0];
c1 = [0; 0; c];
% zweizählige Rotation um [100]
R100 = [1 0 0; 0 -1 0; 0 0 -1];
    a2=R100*a1
    b2=R100*b1
    c2=R100*c1
%Berechnung des reziproken Gitters 1 + 2
>> reziprokes Gitter
```

A.1.4 Berechnung der Reflexe in der nullten Laue Zone

Der hier aufgeführte Abschnitt folgt der Berechnung des reziproken Gitters. Dieser Programmteil wählt die entsprechende Zone aus. Dafür müssen die orthogonalen ZOLZ-Basisvektoren [h1,k1,l1] und [h2,k2,l2] definiert werden[1]. Die Indizes beziehen sich auf das kartesische Koordinatensystem, und so wird die Blickrichtung in Bezug auf die Domänenwand in (110) bzw. (100) des selben Koordinatensystems vorgegeben. Aus diesem Grund müssen die Achsen der pseudokubischen Zelle nahezu parallel zu den Achsen des Referenzkoordinatensystems liegen.

```
function zolz=name(h1,k1,l1,h2,k2,l2)
>> Im Anschluss an die Berechnung des reziproken Gitters
% normierte ZOLZ-Basisvektoren
x=[h1 k1 l1]/norm([h1 k1 l1]);
y=[h2 k2 l2]/norm([h2 k2 l2]);
% Zonenachse [uvw]
uvw = cross([h1;k1;l1],[h2;k2;l2]);
```

---
[1] Eine Erweiterung auf nicht orthogonale ZOLZ-Basisvektoren ist möglich

```matlab
m = 1;
for l = -5:5
    for h = -5:5
        for k = -5:5
            % für Auslöschungsregel durch C-Zentrierung
            for n = -10:2:10
                if (n == h+k)
                    r1 = h*a1r + k*b1r + l*c1r;
                    r2 = h*a2r + k*b2r + l*c2r;
                    % s = Komponente parallel zu [uvw]
                    s1 = dot(uvw',r1);
                    s2 = dot(uvw',r2);
                    % Grenzwert damit nur ZOLZ berechnet wird
                    if abs(s1) <= 0.05
                        x1 = dot([h1;k1;l1],r1); % x-Position
                        y1 = dot([h2;k2;l2],r1); % y-Position
                    else x1 = 0;
                        y1 = 0;
                    end
                    if abs(s2) <= 0.05
                        x2 = dot([h1 k1 l1],r2); % x-Position
                        y2 = dot([h2 k2 l2],r2); % y-Position
                    else x2 = 0;
                        y2 = 0;
                    end
                    zolz(m,:) = [h k l x1 y1 x2 y2];
                    m = m+1;
                end
            end
        end
    end
end
axis equal % gleiche x- und y-Skalierung
% Ausgabebereichs um 000 in A^-1 (|g100|~0.25A^-1)
axis([-0.8 0.8 -0.8 0.8]); grid off;
set(gca,'ytick',[]);
set(gca,'xtick',[]);
```

```
        % Ausgabe Reflexe von Domäne 1
        plot(zolz(:,4),zolz(:,5),options);
        % + Reflexe von Domäne 2
        hold on; plot(zolz(:,6),zolz(:,7),options); 2
end
```

A.1.5 Reflexaufspaltung gegenüber Verzerrung

Dieser Programmteil berechnet die Aufspaltung nach Gleichung 4.1. Dafür müssen für Reflexpaare (ref1 und ref2) entsprechend der Zonenachse [uvw] explizit definiert werden. Dieser Programmteil wiederholt sich entsprechend der Anzahl der Zonenachsen, für die die Aufspaltung berechnet werden soll. Hier ist nur das Beispiel der tetragonalen 90°-Domänen aufgeführt. Die Reflexpaare für die verschiedenen Zonenachsen und Domänen sind den Tabellen A.1, A.2 und A.3 zu entnehmen.

```
function dg=splitting_tetra()
m = 1
for dc = 0.0:0.005:0.15;
a = 4.0733-dc/2;
b = a;
c = 4.0733+dc;
covera = c/a
....
>> Block für tetragonale 90° Domänen
....
%[uvw]1 Zonenachsen 1
base1 = [h1;k1;l1];% ZOLZ-Basivektor 1
base2 = [h2;k2;l2];% ZOLZ-Basivektor 1
uvw = cross(base1,base2);%Zonenachse
uvw1 = uvw/norm(uvw); % normalisiert für Berechnung von s
ref1 = [1;0;-1];% Indizes Domäne 1
ref2 = [-1;0;1];% Indizes Domäne 2
r1 = ref1(1)*a1r + ref1(2)*b1r + ref1(3)*c1r;
r2 = ref2(1)*a2r + ref2(2)*b2r + ref2(3)*c2r;
% Aufspaltung (delta r) projeziert auf ZOLZ
split1 = ((r2-r1)-dot((r2-r1),uvw1)*uvw1)/norm(r1);
s = norm(split1); % Betrag der Aufspaltung
s1(m,:) = [covera s];
```

```
% [uvw]2 Zonenachsen 2
 .....
m = m+1;
dg=[s1(:,1) s1(:,2).....];
plot(dg(:,1),dg(:,2),....);
end
```

[uvw]	[001]	[0$\bar{1}$0]	[0$\bar{1}$1]	[111]	[1$\bar{1}$1]
Ref. 1	10$\bar{1}$	001	11$\bar{1}$	10$\bar{1}$	12$\bar{1}$
Ref. 2	$\bar{1}$01	100	$\bar{1}$$\bar{1}$1	$\bar{1}$01	$\bar{1}$2$\bar{1}$

Tabelle A.1: Reflexpaare in tetragonalen Indizes, zur Berechnung der Aufspaltung s (Glg. 4.1) durch 90°-Domänen in Abbildung 4.4.

[uvw]	[0$\bar{1}$0]	[0$\bar{1}$1]	[1$\bar{1}$0]	[111]	[1$\bar{1}$1]
Ref. 1	001	$\bar{1}$$\bar{1}$1	001	202	0$\bar{2}$2
Ref. 2	00$\bar{1}$	$\bar{1}$$\bar{1}$1	00$\bar{1}$	20$\bar{2}$	02$\bar{2}$

Tabelle A.2: Reflexpaare in monoklinen Indizes, zur Berechnung der Aufspaltung s (Glg. 4.1) durch 71°-Domänen in Abbildung 4.4.

[uvw]	[0$\bar{1}$0]	[0$\bar{1}$1]	[101]	[111]	[1$\bar{1}$1]
Ref. 1	001	$\bar{1}$$\bar{1}$1	$\bar{1}$$\bar{1}$0	1$\bar{3}$1	$\bar{1}$$\bar{1}$1
Ref. 2	00$\bar{1}$	11$\bar{1}$	110	3$\bar{1}$$\bar{1}$	11$\bar{1}$

Tabelle A.3: Reflexpaare in monoklinen Indizes, zur Berechnung der Aufspaltung s (Glg. 4.1) durch 109°-Domänen in Abbildung 4.4.

A.2 Fehlpassung im Vieldomänenmodell

Die Berechnung der Fehlpassung in Vieldomänenmodellen basiert auf hintereinander ausgeführten Zwillingsoperationen. Die Orientierung des Zwillingelementes wird durch die jeweilige Domäne bestimmt. Die Fehlpassung ist der Unterschied in der Orientierung der Grenzfläche zwischen erster und letzter Domäne eines kompletten Umlaufs. Die Abweichung kommt durch die Berechnung des Normalvektors in den verschiedenen Gittern zu Stande. Nach dem selben Prinzip wird die Unebenheit der Mikrodomänenwand berechnet.

A.2.1 (011)-Spiegelzwillinge (4mm)

```
function omega = nanodomains4mm_011
% %monoklin (54/46)
% a = 5.754;
% b = 5.731;
% c = 4.103;
% beta = 90.47/180*pi;
%rhomboedrisch (55/45)
a = 5.7842;
b = 5.753;
c = 4.079;
beta = 90.43/180*pi;
gamma = atan(a/b);
    % Nanodomäne mit P=1
    a1=[a*cos(beta);
    1/sqrt(2)*a*sin(beta);
    1/sqrt(2)*a*sin(beta)];
    b1=[0; -b/sqrt(2); b/sqrt(2)];
    c1=[c ; 0; 0];
    % reziproke Gittervektoren
    a1r = cross(b1,c1)/(dot(a1,cross(b1,c1)));
    b1r = cross(c1,a1)/(dot(b1,cross(c1,a1)));
    c1r = cross(a1,b1)/(dot(c1,cross(a1,b1)));
    % (110) Mikrodomänenwand in Nanodomäne 1
    mdw1 = (a1r-b1r+c1r)/norm(a1r-b1r+c1r);
    % Nanodomänenwand 1|3 in Domäne 1
    ndw1 = a1r/norm(a1r);
    % Spiegelung an ndw1
    ndw13 = [1-2*ndw1(1)^2  -2*ndw1(2)*ndw1(1)  -2*ndw1(3)*ndw1(1);
        -2*ndw1(1)*ndw1(2)  1-2*ndw1(2)^2  -2*ndw1(3)*ndw1(2);
        -2*ndw1(1)*ndw1(3)  -2*ndw1(2)*ndw1(3)  1-2*ndw1(3)^2];;
    % Nanodomäne mit P=3 in Domäne 1
    a3=ndw13*a1;
```

```
    b3=-ndw13*b1;
    c3=ndw13*c1;
    %reziproke Gittervektoren
    a3r = cross(b3,c3)/(dot(a3,cross(b3,c3)));
    b3r = cross(c3,a3)/(dot(b3,cross(c3,a3)));
    c3r = cross(a3,b3)/(dot(c3,cross(a3,b3)));
    % (110) Mikrodomänenwand
    mdw3 = (-a3r+b3r+c3r)/norm(-a3r+b3r+c3r);
                % Winkel zwischen mdw1 und mdw 3
    omega = 180/pi*acos(dot(mdw1,mdw3));
end
```

A.2.2 {010}-Spiegelzwillinge

```
function omega = nanodomains4mm_010
%monoklin (54/46)
a = 5.754;
b = 5.731;
c = 4.103;
beta = 90.47/180*pi;
% %rhomboedrisch (55/45)
% a = 5.7842;
% b = 5.753;
% c = 4.079;
% beta = 90.43/180*pi;
gamma = atan(a/b);
    % Ausrichtung [110]||z
    a1=[0; a*cos(gamma); a*sin(gamma)];
    b1=[0; -b*sin(gamma); b*cos(gamma)];
    % für Richtung von c
    bn=-b1/norm(b1);
    c1=[cos(beta)+bn(1)^2*(1-cos(beta))
            bn(1)*bn(2)*(1-cos(beta))-bn(3)*sin(beta)
            bn(1)*bn(3)*(1-cos(beta))+bn(2)*sin(beta);
            bn(1)*bn(2)*(1-cos(beta))+bn(3)*sin(beta)
            cos(beta)+bn(2)^2*(1-cos(beta))
            (1-cos(beta))*bn(2)*bn(3)-bn(1)*sin(beta);
            bn(1)*bn(3)*(1-cos(beta))-bn(2)*sin(beta)
```

```
                    bn(2)*bn(3)*(1-cos(beta))+bn(1)*sin(beta)
                    cos(beta)+bn(3)^2*(1-cos(beta))]*(norm(c)*a1/norm(a));
% reziproke Gittervektoren
a1r = cross(b1,c1)/(dot(a1,cross(b1,c1)));
b1r = cross(c1,a1)/(dot(b1,cross(c1,a1)));
c1r = cross(a1,b1)/(dot(c1,cross(a1,b1)));
% (110) Mikrodomänenwand
n1 = a1r-b1r+c1r;
n1 = n1/norm(n1);
ndw1 = (a1r+b1r)/norm(a1r+b1r);
% Nanodomänenwand 1|2
ndw12=[1-2*ndw1(1)^2  -2*ndw1(2)*ndw1(1)  -2*ndw1(3)*ndw1(1);
    -2*ndw1(1)*ndw1(2)  1-2*ndw1(2)^2  -2*ndw1(3)*ndw1(2);
    -2*ndw1(1)*ndw1(3)  -2*ndw1(2)*ndw1(3)  1-2*ndw1(3)^2];
a2=ndw12*a1;
b2=-ndw12*b1;
c2=ndw12*c1;
%reziproke Gittervektoren
a2r = cross(b2,c2)/(dot(a2,cross(b2,c2)));
b2r = cross(c2,a2)/(dot(b2,cross(c2,a2)));
c2r = cross(a2,b2)/(dot(c2,cross(a2,b2)));
% (110) Mikrodomänenwand
n2 = (a2r+b2r+c2r)/norm(a2r+b2r+c2r);
ndw2 = (a2r+b2r)/norm(a2r+b2r);
% Nanodomänenwand 2|3
ndw23=[1-2*ndw2(1)^2  -2*ndw2(2)*ndw2(1)  -2*ndw2(3)*ndw2(1);
    -2*ndw2(1)*ndw2(2)  1-2*ndw2(2)^2  -2*ndw2(3)*ndw2(2);
    -2*ndw2(1)*ndw2(3)  -2*ndw2(2)*ndw2(3)  1-2*ndw2(3)^2];
a3=ndw23*a2;
b3=-ndw23*b2;
c3=ndw23*c2;
%reziproke Gittervektoren
a3r = cross(b3,c3)/(dot(a3,cross(b3,c3)));
b3r = cross(c3,a3)/(dot(b3,cross(c3,a3)));
c3r = cross(a3,b3)/(dot(c3,cross(a3,b3)));
% (110) Mikrodomänenwand
n3 = (-a3r+b3r+c3r)/norm(-a3r+b3r+c3r);
```

```
ndw3 = (a3r+b3r)/norm(a3r+b3r);
% Nanodomänenwand 3|3
ndw34=[1-2*ndw3(1)^2    -2*ndw3(2)*ndw3(1)  -2*ndw3(3)*ndw3(1);
       -2*ndw3(1)*ndw3(2) 1-2*ndw3(2)^2      -2*ndw3(3)*ndw3(2);
       -2*ndw3(1)*ndw3(3) -2*ndw3(2)*ndw3(3) 1-2*ndw3(3)^2];
a4=ndw34*a3;
b4=-ndw34*b3;
c4=ndw34*c3;
%reziproke Gittervektoren
a4r = cross(b4,c4)/(dot(a4,cross(b4,c4)));
b4r = cross(c4,a4)/(dot(b4,cross(c4,a4)));
c4r = cross(a4,b4)/(dot(c4,cross(a4,b4)));
% Berechnung des Winkels zwischen Nanodomäne 1 und 4
n4 = (-a4r-b4r+c4r)/norm(-a4r-b4r+c4r);
ndw4 = (a4r+b4r)/norm(a4r+b4r);
ndw14 = (-a1r+b1r)/norm(-a1r+b1r);
phi = 180/pi*acos(dot(ndw4,ndw14))
% Berechnung der Winkel zwischen den Normalenvektoren
omega11 = 180/pi*acos(dot(n1,n1));
omega12 = 180/pi*acos(dot(n1,n2));
omega13 = 180/pi*acos(dot(n1,n3));
omega14 = 180/pi*acos(dot(n1,n4));
omega22 = 180/pi*acos(dot(n2,n2));
omega23 = 180/pi*acos(dot(n2,n3));
omega24 = 180/pi*acos(dot(n2,n4));
omega33 = 180/pi*acos(dot(n3,n3));
omega34 = 180/pi*acos(dot(n3,n4));
omega44 = 180/pi*acos(dot(n4,n4));
omega = [omega11 omega12 omega13 omega14;
         omega12 omega22 omega23 omega24;
         omega13 omega23 omega33 omega34;
         omega14 omega24 omega34 omega44]
```

A.2.3 [100]-Rotationszwillinge

```
function omega = nanodomains4mm_001R
%monoklin (54/46)
a = 5.754;
```

```
b = 5.731;
c = 4.103;
beta = 90.47/180*pi;
% %rhomboedrisch (55/45)
% a = 5.7842;
% b = 5.753;
% c = 4.079;
% beta = 90.43/180*pi;
gamma = atan(a/b);
    % Ausrichtung [110]||z
    a1=[0; a*cos(gamma); a*sin(gamma)];
    b1=[0; -b*sin(gamma); b*cos(gamma)];
    bn=-b1/norm(b1); % um Richtung von c zu bestimmen
    c1=[cos(beta)+bn(1)^2*(1-cos(beta))
        bn(1)*bn(2)*(1-cos(beta))-bn(3)*sin(beta)
        bn(1)*bn(3)*(1-cos(beta))+bn(2)*sin(beta);
        bn(1)*bn(2)*(1-cos(beta))+bn(3)*sin(beta)
        cos(beta)+bn(2)^2*(1-cos(beta))
        (1-cos(beta))*bn(2)*bn(3)-bn(1)*sin(beta);
        bn(1)*bn(3)*(1-cos(beta))-bn(2)*sin(beta)
        bn(2)*bn(3)*(1-cos(beta))+bn(1)*sin(beta)
        cos(beta)+bn(3)^2*(1-cos(beta))]*(norm(c)*a1/norm(a));
    % reziproke Gittervektoren
    a1r = cross(b1,c1)/(dot(a1,cross(b1,c1)));
    b1r = cross(c1,a1)/(dot(b1,cross(c1,a1)));
    c1r = cross(a1,b1)/(dot(c1,cross(a1,b1)));
    % (110) Mikrodomänenwand
    n1 = (a1r-b1r+c1r)/norm(a1r-b1r+c1r);
    % Nanodomänenwand in (100)
    R100 =[1 0 0; 0 0 1; 0 -1 0]; % Rotation im Uhrzeigersinn
    % Nanodomäne 2
    a2=R100*a1;
    b2=R100*b1;
    c2=R100*c1;
    %reziproke Gittervektoren
    a2r = cross(b2,c2)/(dot(a2,cross(b2,c2)));
    b2r = cross(c2,a2)/(dot(b2,cross(c2,a2)));
```

```
c2r = cross(a2,b2)/(dot(c2,cross(a2,b2)));
% (110) Mikrodomänenwand
n2 = (a2r+b2r+c2r)/norm(a2r+b2r+c2r);
% Nanodomäne 3
a3=R100*a2;
b3=R100*b2;
c3=R100*c2;
%reziproke Gittervektoren
a3r = cross(b3,c3)/(dot(a3,cross(b3,c3)));
b3r = cross(c3,a3)/(dot(b3,cross(c3,a3)));
c3r = cross(a3,b3)/(dot(c3,cross(a3,b3)));
% (110) Mikrodomänenwand
n3 = (-a3r+b3r+c3r)/norm(-a3r+b3r+c3r);
% Nanodomäne 4
a4=R100*a3;
b4=R100*b3;
c4=R100*c3;
%reziproke Gittervektoren
a4r = cross(b4,c4)/(dot(a4,cross(b4,c4)));
b4r = cross(c4,a4)/(dot(b4,cross(c4,a4)));
c4r = cross(a4,b4)/(dot(c4,cross(a4,b4)));
% (110) Mikrodomänenwand
n4 = (-a4r-b4r+c4r)/norm(-a4r-b4r+c4r);
>> % Berechnung der Winkel zwischen den Normalenvektoren
....
end
```

A.2.4 {110}-Spiegelzwillinge (R3m)

```
function omega = nanodomains3m_S
% monoklin (54/46)
a = 5.754;
b = 5.731;
c = 4.103;
beta = 90.47/180*pi;
gamma = atan(a/b);
    %metrischer Tensor
    M=[a.^2 0 a*c*cos(beta*pi/180);
```

```
             0 b.^2   0;
             a*c*cos(beta*pi/180) 0 c.^2];
Mi=inv(M);
I=[-1 0 0; 0 -1 0; 0 0 -1];%Inversion
%Nanodomäne mit P=1 in Domäne 1 b||[0 -1 1] und c||[1 0 0]
a1=[-1/sqrt(2)*a*sin(beta);
    -1/sqrt(2)*a*sin(beta);
    a*cos(beta)];
b1=[b/sqrt(2); -b/sqrt(2); 0];
c1=[0; 0; c];
% reziproke Gittervektoren
a1r = cross(b1,c1)/(dot(a1,cross(b1,c1)));
b1r = cross(c1,a1)/(dot(b1,cross(c1,a1)));
c1r = cross(a1,b1)/(dot(c1,cross(a1,b1)));
% Mikrodomänenwand (110) in Nanodomäne 1
n1 = (-a1r)/norm(-a1r);
% Mikrodomänenwand (100) in Nanodomäne 1
% n1 = (-a1r+b1r)/norm(-a1r+b1r);
ndw1 = (a1r-b1r+c1r)/norm(a1r-b1r+c1r);% Nanodomänenwand 1|2
ndw13 =(a1r+b1r+c1r)/norm(a1r+b1r+c1r); % Nanodomänenwand 1|3
ndw12 = [1-2*ndw1(1)^2  -2*ndw1(2)*ndw1(1)  -2*ndw1(3)*ndw1(1);
    -2*ndw1(1)*ndw1(2)  1-2*ndw1(2)^2  -2*ndw1(3)*ndw1(2);
    -2*ndw1(1)*ndw1(3)  -2*ndw1(2)*ndw1(3)  1-2*ndw1(3)^2];
% Nanodomäne mit P=2 in Domäne 1
a2=ndw12*a1;
b2=-ndw12*b1;
c2=ndw12*c1;
% reziproke Gittervektoren
a2r = cross(b2,c2)/(dot(a2,cross(b2,c2)));
b2r = cross(c2,a2)/(dot(b2,cross(c2,a2)));
c2r = cross(a2,b2)/(dot(c2,cross(a2,b2)));
% Mikrodomänenwand (110) in Nanodomäne 2
n2 = (-a2r+b2r+c2r)/norm(-a2r+b2r+c2r);
% Mikrodomänenwand (100) in Nanodomäne 2
% n2 = (c2r)/norm(c2r);
% Nanodomänenwand 2|3 in Domäne 1
ndw2 = (a2r-b2r+c2r)/norm(a2r-b2r+c2r);
```

```
ndw21 = (a2r+b2r+c2r)/norm(a2r+b2r+c2r);
ndw23 = [1-2*ndw2(1)^2    -2*ndw2(2)*ndw2(1)  -2*ndw2(3)*ndw2(1);
         -2*ndw2(1)*ndw2(2)  1-2*ndw2(2)^2    -2*ndw2(3)*ndw2(2);
         -2*ndw2(1)*ndw2(3)  -2*ndw2(2)*ndw2(3)  1-2*ndw2(3)^2];
% Nanodomäne mit P=3 in Domäne 1
a3=ndw23*a2;
b3=-ndw23*b2;
c3=ndw23*c2;
%reziproke Gittervektoren
a3r = cross(b3,c3)/(dot(a3,cross(b3,c3)));
b3r = cross(c3,a3)/(dot(b3,cross(c3,a3)));
c3r = cross(a3,b3)/(dot(c3,cross(a3,b3)));
% Mikrodomänenwand (110) in Nanodomäne 3
n3 = (-a3r-b3r+c3r)/norm(-a3r-b3r+c3r);
% Mikrodomänenwand (100) in Nanodomäne 3
% n3 = (-a3r-b3r)/norm(-a3r-b3r);
% Nanodomänenwand 3|1
ndw3 = (a3r-b3r+c3r)/norm(a3r-b3r+c3r);
% Nanodomänenwand 1|3
ndw13 = (a1r+b1r+c1r)/norm(a1r+b1r+c1r);
% Spalt zwischen nanodomäne 1 und 3
phi = 180/pi*acos(dot(-ndw3,ndw13))
% Winkel zwischen den Ebenen in der Mikrodomänenwand
omega11 = 180/pi*acos(dot(n1,n1));
omega12 = 180/pi*acos(dot(n1,n2));
omega13 = 180/pi*acos(dot(n1,n3));
omega21 = 180/pi*acos(dot(n2,n1));
omega22 = 180/pi*acos(dot(n2,n2));
omega23 = 180/pi*acos(dot(n2,n3));
omega31 = 180/pi*acos(dot(n3,n1));
omega32 = 180/pi*acos(dot(n3,n2));
omega33 = 180/pi*acos(dot(n3,n3));
omega = [omega11 omega12 omega13;
         omega21 omega22 omega23;
         omega31 omega32 omega33];
end
```

A.2.5 {111}-Rotationszwillinge

```
function nanodomains3m_111()
% monoklin (54/46)
a = 5.754;
b = 5.731;
c = 4.103;
beta = 90.47/180*pi;
    % Nanodomäne 1 vorläufig
    a = [-a/sqrt(2); -a/sqrt(2); 0]
    b = [b/sqrt(2); -b/sqrt(2); 0]
    c = [-c*cos(beta)/sqrt(2);
             -c*cos(beta)/sqrt(2);
              c*sin(beta)]
    ar = cross(b,c)/(dot(a,cross(b,c)));
    br = cross(c,a)/(dot(b,cross(c,a)));
    cr = cross(a,b)/(dot(c,cross(a,b)));
    n = (-2*ar+cr)/norm(-2*ar+cr)
    % Rotation um [1-10] damit (-201)m||(111)
    r=[1/sqrt(2); -1/sqrt(2); 0];
    RD =[1/sqrt(3); 1/sqrt(3); 1/sqrt(3)];
    delta=-acos(dot(n,RD));
    Rb =[cos(-delta)+r(1)^2*(1-cos(-delta))
    r(1)*r(2)*(1-cos(-delta))-r(3)*sin(-delta)
    r(1)*r(3)*(1-cos(-delta))+r(2)*sin(-delta);
    r(1)*r(2)*(1-cos(-delta))+r(3)*sin(-delta)
    cos(-delta)+r(2)^2*(1-cos(-delta))
    (1-cos(-delta))*r(2)*r(3)-r(1)*sin(-delta);
    r(1)*r(3)*(1-cos(-delta))-r(2)*sin(-delta)
    r(2)*r(3)*(1-cos(-delta))+r(1)*sin(-delta)
    cos(-delta)+r(3)^2*(1-cos(-delta))]
    % Nanodomäne 1
    a1=Rb*a;
    b1=Rb*b;
    c1=Rb*c;
    %reziprokes Gitter
a1r = cross(b1,c1)/(dot(a1,cross(b1,c1)));
b1r = cross(c1,a1)/(dot(b1,cross(c1,a1)));
```

```matlab
c1r = cross(a1,b1)/(dot(c1,cross(a1,b1)));
% Mikrodomänenwand (110) 1
mdw1=(-a1r)/norm(-a1r);
% Mikrodomäenwand (100) 1
% mdw1=(-a1r+b1r)/norm(-a1r+b1r)
% dreizählige Rotation um [111]
rho=2*pi/3;
R3 =[cos(rho)+RD(1)^2*(1-cos(rho))
                RD(1)*RD(2)*(1-cos(rho))-RD(3)*sin(rho)
                RD(1)*RD(3)*(1-cos(rho))+RD(2)*sin(rho);
    RD(1)*RD(2)*(1-cos(rho))+RD(3)*sin(rho)
    cos(rho)+RD(2)^2*(1-cos(rho))
    (1-cos(rho))*RD(2)*RD(3)-RD(1)*sin(rho);
    RD(1)*RD(3)*(1-cos(rho))-RD(2)*sin(rho)
    RD(2)*RD(3)*(1-cos(rho))+RD(1)*sin(rho)
    cos(rho)+RD(3)^2*(1-cos(rho))];
    % Nanodomäne 2
    a2=R3*a1;
    b2=R3*b1;
    c2=R3*c1;
% reziprokes Gitter
a2r = cross(b2,c2)/(dot(a2,cross(b2,c2)));
b2r = cross(c2,a2)/(dot(b2,cross(c2,a2)));
c2r = cross(a2,b2)/(dot(c2,cross(a2,b2)));
% Mikrodomänenwand (110) 2
mdw2 = (-a2r+b2r+c2r)/norm(-a2r+b2r+c2r);
% Mikrodomäenenwand (100) 2
% mdw2 = (c2r)/norm(c2r)
    % Nanodomäne 3
    a3=R3*a2;
    b3=R3*b2;
    c3=R3*c2;
% reziprokes Gitter
a3r = cross(b3,c3)/(dot(a3,cross(b3,c3)));
b3r = cross(c3,a3)/(dot(b3,cross(c3,a3)));
c3r = cross(a3,b3)/(dot(c3,cross(a3,b3)));
% Mikrodomänenwand (110) 3
```

mdw3=(−a3r−b3r+c3r)/norm(−a3r−b3r+c3r);
% Mikrodomänenwand (100) 3
% mdw3=(−a3r−b3r)/norm(−a3r−b3r);
>> % Winkel zwischen den Ebenen in der Mikrodomänenwand
....
end

B Für Simulationen verwendete Strukturmodelle

$R3m$	a=5,842	b=5,753	c=4,079	$\beta = 90,43°$
atom	x	y	z	B_{iso}
Pb	0	0	0	0,5
Zr/Ti	0,54	0,0	0,46	0,5
O_1	0,567	0	-0,053	0,5
O_2	0,31	0,257	0,433	0,5
Cm	a=5,754	b=5,731	c=4,103	$\beta = 90,47°$
atom	x	y	z	B_{iso}
Pb	0	0	0	0,5
Zr/Ti	0,523	0	0,449	0,5
O_1	0,551	0	-0,099	0,5
O_2	0,288	0,243	0,373	0,5
$P4mm$	a=5,7421	b=5,7421	c=4,139	$\beta = 90,0°$
atom	x	y	z	B_{iso}
Pb	0	0	0	0,5
Zr/Ti	0,5	0	0,451	0,5
O_1	0,5	0	-0,102	0,5
O_2	0,25	0,25	0,378	0,5

Tabelle B.1: Gitterparameter und Atompositionen in monokliner Aufstellung für $R3m$ (PZT 55/45), Cm (PZT 54/46) und $P4mm$ (PZT 52/48), zusammengestellt nach den Modellen von Noheda et al. [1, 4].

C Überlagerung von simulierten Beugungsbildern

Zur Veranschaulichung wie Beugungsbilder, zu denen zwei Domänen beitragen, aussehen wurde ein sehr einfaches Verfahren angewendet. Ein simuliertes Beugungsbild mit tetragonaler bzw. rhomboedrischer Symmetrie wurde in eine zweite Ebene kopiert und diese um 90° im Uhrzeigersinn gedreht. Anschließend wurde die Transparenz der Ebene einmal auf 25 % und einmal auf 50 % eingestellt. Die einzelnen Bilder sowie die Überlagerungen sind in Abbildung C.1 dargestellt. Zusätzlich sind in der Abbildung noch mit monoklinem Strukturmodell für drei verschiedenen Probendicken, 65, 70 und 75 nm simulierte Beugungsbilder zu sehen. Die Probendicke der anderen beiden Simulationen beträgt 70 nm. Auffallend ist die Ähnlichkeit der Überlagerung von zwei tetragonalen Beugungsbildern mit dem monoklinen Beugungsbild. Die Abweichung von der tetragonalen Symmetrie im Beugungsbild ist jedoch für das monokline Strukturmodell größer als sie durch eine Überlagerung von zwei tetragonalen Beugunsgbildern entsteht. Die Überlagerung von zwei um 90° verdrehten Beugungsbilder mit tetragonaler Symmetrie kann nur für a-a Domänen entstehen. Dies sollte zu einer Reflexaufspaltung führen. Die Orientierung der Domänenwände parallel zum Strahl ermöglicht das Durchstrahlen einer einzelnen Domäne.

Für das rhomboedrische Modell ist die Abweichung von der kubischen Symmetrie im Beugungsbild gering. Dies führt auch zu einem relativ geringen Symmetriebruch bei Überlagerung von zwei verdrehten Bildern (mit einer Transparenz von 25 % für das obere).

Eine Rotation um 90° lässt sich auch durch eine Spiegelung an der ($\bar{1}01$)- (tetragonal) bzw. der (100)-Ebene (rhomboedrisch) beschreiben. Bei einer Transparenz von 50 % ist dies die Spiegelebene des resultierenden Bildes.

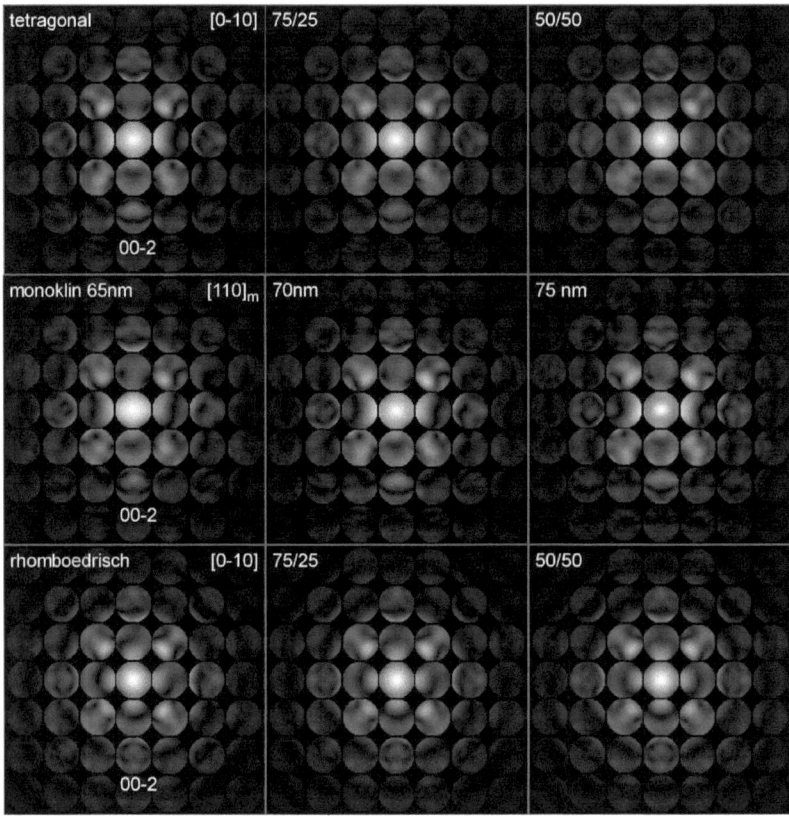

Abbildung C.1: Vergleich von monoklinen Beugungsbilder (mittlere Zeile) mit der Überlagerung von zwei um 90° verdrehten mit tetragonaler (oben) bzw. rhomboedrischer (unten) Symmetrie entlang $[0\bar{1}0]_c$.

D PbTiO$_3$-Daten

Abbildung D.1 und Abbildung D.2 zeigen die Beugungsbilder anhand denen die Strukturparamtere von PbTiO$_3$ verfeinert wurden.

In Abbildung D.3 und Abbildung D.4 sind beispielhaft einige Reflexe der Beugungsbildern mit Einstrahlrichtung [00$\bar{1}$] mit 100 in Bragg-Bedingung (1) sowie [110] (5) zu sehen. In der ersten Spalte befinden sich die beobachteten Reflexe, in der zweiten die berechnete und in der dritten die Differenz. Die Indizierung ist der letzten Spalte zu entnehmen. Die erste Zahl in der eckigen Klammer ist die Schwankung des Untergrunds, die zweite Zahl entspricht der maximalen Intensität pro Pixel innerhalb des abgebildeten Bereichs.

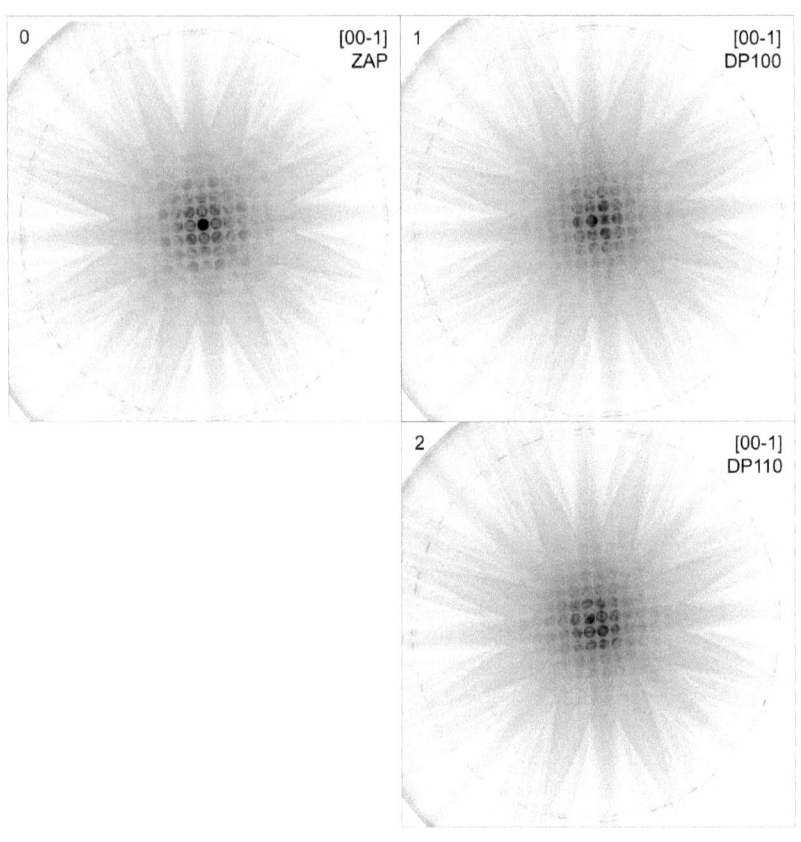

Abbildung D.1: Energiegefilterte [00$\bar{1}$]-Beugungsbilder von PbTiO$_3$. Die Nummerierung entspricht der in Tabelle 6.2.

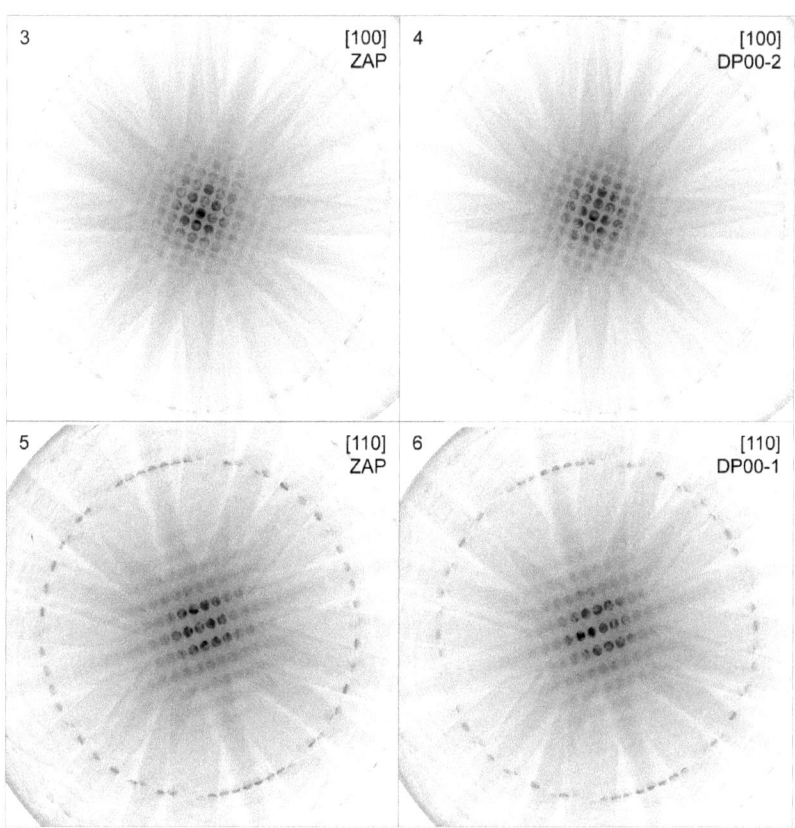

Abbildung D.2: Energiegefilterte [00$\bar{1}$]-Beugungsbilder von PbTiO$_3$. Die Nummerierung entspricht der in Tabelle 6.2.

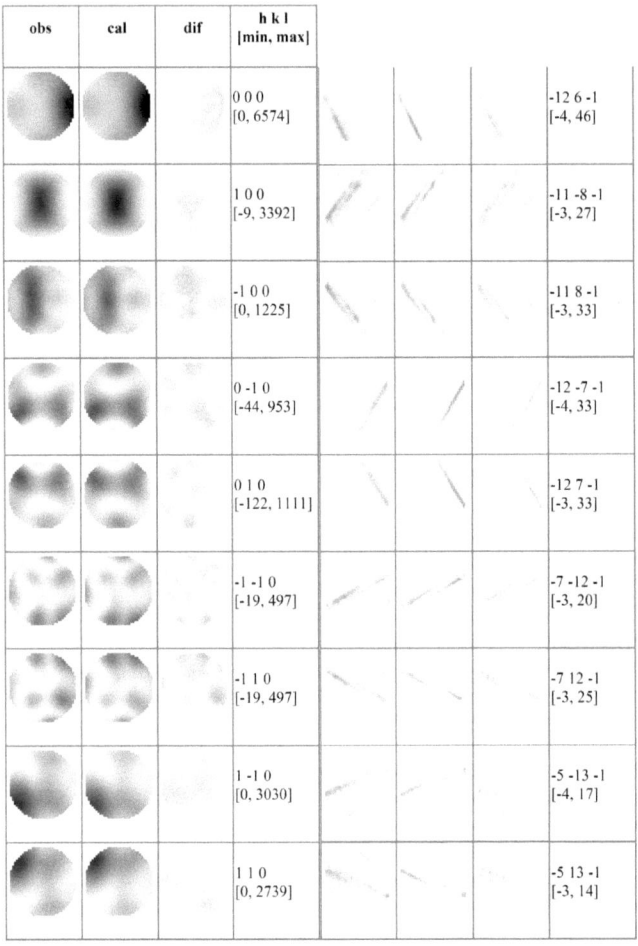

Abbildung D.3: Auswahl an Reflexen des Beugungsbildes [00$\bar{1}$] DP 100. (von links nach rechts:) Beobachtet, berechnet, Differenz und hkl sowie Varianz des Untergrunds und maximale Intensität.

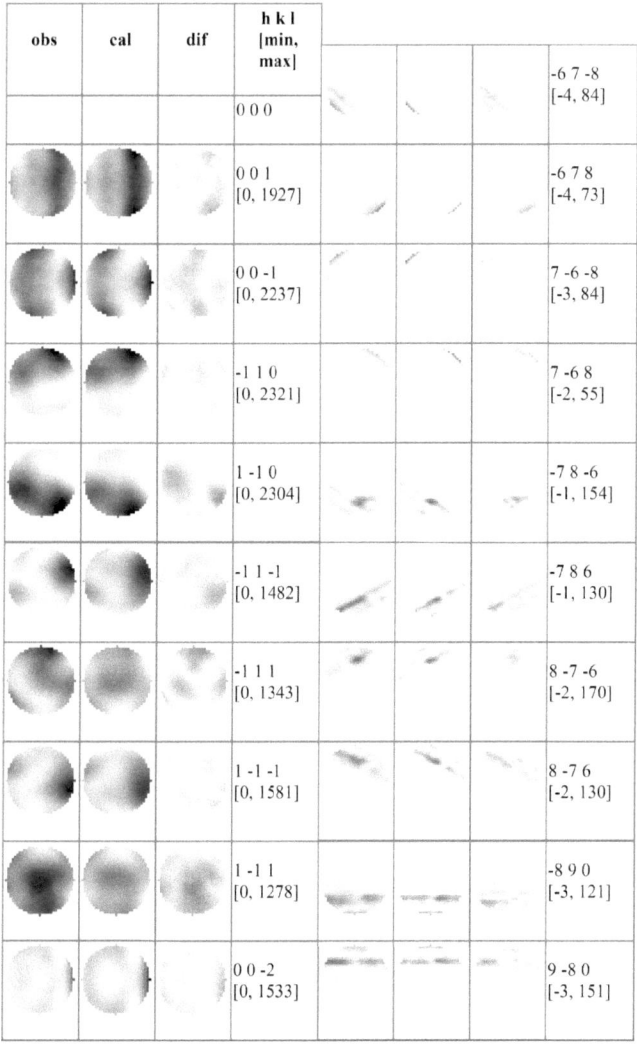

Abbildung D.4: Auswahl an Reflexen des Beugungsbildes [110]. (von links nach rechts:) Beobachtet, berechnet, Differenz und hkl sowie Varianz des Untergrunds und maximale Intensität.

Danksagung

An dieser Stelle möchte ich allen, die mich bei dieser Arbeit unterstützt haben, meinen Dank aussprechen.

An erster Stelle gilt mein Dank Herrn Hartmut Fueß, der mir die Möglichkeit gegeben hat, unter seiner Führung zu promovieren.

Herrn Hans-Joachim Kleebe und Herrn Wolfgang Donner für ihr Interesse an meiner Arbeit.

Meinen (früheren) Kolleginnen und Kollegen Frau Kristin Schönau, Frau Ljubomira Schmitt, Herrn Jens Kling, Herrn Manuel Hinterstein und Ralf Theissmann, für die anregenden Diskussionen über PZT, Vorträge und Poster sowie das Korrekturlesen von Abschnitten dieser Arbeit. Manuel Hinterstein danke ich zudem auch für die Durchführung der Röntgen- und Neutronenbeugung sowie die anschließende Verfeinerung.

Herrn Gerhard Miehe, von dem ich viel über die Mikroskope lernen konnte.

Herrn Frieder Scheiba für die Unterstützung beim Einarbeiten in die Programmierung mit MATLAB.

Den gesamten Arbeitsgruppen Strukturforschung und erneuerbare Energien, inklusive aller ehemaligen Mitarbeiter, für das angenehme Arbeitsklima.

Herrn Michael Weber für schnelle Reparaturen an den technischen Geräten.

Herrn Masami Terauchi und Herrn Kenji Tsuda danke ich für die gute Zusammenarbeit in Japan. Hier möchte ich auch die Herren Futami Satou, Yoichiro Ogata, Daisuke Morikawa, Yohei Sataou und Frau Maiko Kamada erwähnen, die sich während meiner Zeit in Japan sehr um meine Belange gekümmert haben. Auch allen anderen Mitgliedern des Terauchi-Labs möchte ich für ihre Gastfreundschaft danken.

寺内正巳さんと津田健治さんには 共同研究のお礼を心より申し上げます。また、東北大学の寺内研究室の 皆様、特に 鎌田麻衣子さん、佐藤二美さん、小形曜一郎さん、佐藤庸平さん、森川大輔さんには 大変お世話になり感謝に耐えません。

Herrn Hans Kungl und Herrn Michael J. Hoffmann für die Herstellung und Bereitstellung des Probenmaterials.

Dem Sonderforschungsbereich (SFB) 595 der Deutschen Forschungsgesellschaft (DFG) sowie der Japan Society for the Promotion of Science (JSPS) danke ich für die Finanzierung der Arbeit und des Forschungsaufenthaltes in Japan.

Bei meiner Partnerin Alice Wegmann und all meinen Freunden, die dafür gesorgt haben, dass ich mich in Darmstadt und Sendai wohl gefühlt habe.
日本の友だちにも ありがとうを 言わなければなりません。仙台では 本当に良い時間を過ごすことができました。 伊藤千夏さん、清水秀敏さん、太田尚志さん、熊谷東晃さん、本当にありがとう!

Zuletzt möchte ich mich bei meinen Eltern bedanken, die mich auf meinem Lebensweg immer unterstützt haben.

I want morebooks!

Buy your books fast and straightforward online - at one of world's fastest growing online book stores! Environmentally sound due to Print-on-Demand technologies.

Buy your books online at
www.morebooks.shop

Kaufen Sie Ihre Bücher schnell und unkompliziert online – auf einer der am schnellsten wachsenden Buchhandelsplattformen weltweit! Dank Print-On-Demand umwelt- und ressourcenschonend produziert.

Bücher schneller online kaufen
www.morebooks.shop

KS OmniScriptum Publishing
Brivibas gatve 197
LV-1039 Riga, Latvia
Telefax: +371 686 204 55

info@omniscriptum.com
www.omniscriptum.com

Printed by Books on Demand GmbH, Norderstedt / Germany